수상한 생선의
진짜로 해부하는
과학책 2

수상한 생선의
진짜로 해부하는
과학책 2

육상 생물

김준연 지음 | 최재천 감수

arte

수상한 생물 선생이 전하는
생물학의 재미

저는 〈수상한생선〉이라는 과학 유튜브 채널을 운영하며, 과학을 대중에게 알리는 과학 커뮤니케이터로 활동하고 있습니다. 〈수상한생선〉이라는 채널명은 '수상한 생물 선생'의 줄임말로, 많은 사람에게 생물학의 즐거움을 알리고 싶다는 각오가 담겨 있죠. 저는 유튜브 채널 운영 전에 고등학교에서 생물(생명과학) 교사로 근무했습니다. 교사 생활을 하던 중 문득 과학을 좀 더 폭넓게 체험할 수 있는 장이 마련되면 좋겠다는 생각을 했어요. 그래서 교과서와 교육과정을 바탕으로 하면서, 이론을 실제로 관찰하고 탐구하며 많은 사람에게 '생물학의 재미'를 보여 주고 싶다는 생각에 유튜브를 시작했죠.

이 책은 〈수상한생선〉 채널에 올린 영상 중 많은 구독자가 사랑한 해부 실험 콘텐츠를 모으고 다듬으며, 좀 더 상세히 탐구 과정을 밝히는 방향으로 집필했습니다. 종종 초중고등학교 선생님들에게 〈수상한생선〉의 영상을 부교재로 활용한다는 메시지를 받기도 하고, 생물학을 전공하는 대학원생들에게 영상을 참고해 연구를 진행한다는 이야기를 전해 듣기도 합니다. 제 콘텐츠가 도움이 되어 무척 기쁘면서도, 한편으로는 영상에서 스치며 다룬 내용에 대해 더 상세히 풀지 못한 아쉬움이 있었습니다.

그래서 책을 통해 배경지식을 보다 자세히 공유하고, 생물을 알아 가는 재미를 좀 더 느낄 수 있게끔 준비했습니다. 각 생물의 주요한 특징을 소제목만 눈으로 따라가도 알 수 있게끔, 생물 각 기관을 소개한 사진을 쓱 훑어만 봐도 탐구의 전 과정을 이해할 수 있게끔 구성했죠.

『수상한생선의 진짜로 해부하는 과학책 2: 육상 생물』에는 다양한 생물의 '몸'을 과학적으로 탐구하는 내용을 담았습니다. 생물의 몸을 탐구하면 무엇을 알 수 있을까요?

특정 생물의 몸 외부 형태와 내부 구조를 자세히 이해하면, 그 생물이 서식지에서 어떻게 적응하고 어떠한 습성을 가지고 살아가는지를 알 수 있습니다. 생물이 지닌 특성 대부분이 해당 생물의 몸 구조와 관련 있기 때문이죠. 그래서 한 생물에 대해 확실히 이해할 수 있는 방법은, 그 생물의 몸 구조를 이해하는 것입니다.

책에서 소개한 내용을 예로 들면, 매미는 그 작은 몸에서 어떻게 커다란 소리를 낼 수 있는지, 파리지옥이 언제, 어떻게 잎을 다무는지, 나비로 변화 중인 번데기 내부에서는 무슨 일이 일어나는지 등 생물의 특성에 대한 궁금증에 대한 답은 해당 생물의 몸을 구석

구석 살펴 보면 알 수 있죠.

그런데 생물의 독특한 특성이나 행동에 대한 원리를 설명하는 책들은 많지만, 실제로 그 부위들이 어떠한 모습이고 어떻게 작용하는지 상세히 설명하는 책은 거의 없습니다. 이 책은 독특한 습성을 지닌 생물 15종을 관찰하고 그 특성을 자세히 살핍니다. 각각의 생물들이 지닌 다양한 몸 구조를 익히고 해당 생물의 특성을 서로 비교해 가며 읽는다면, 내용을 더욱 알차게 즐길 수 있을 것입니다.

이 책은 생물학자를 꿈꾸는 아이들과 학생들에게 좋은 참고서가 되기를 바라는 마음으로 썼습니다. 그리고 생물에 흥미가 없었거나 생물을 잘 알지 못했던 이들에게는 "생물이 이렇게 재미있는 거였어?" 하고 감탄할 수 있도록 흥미로운 정보를 가득 담아 두었죠. 일상에서 쉽게 접할 수 있는 생물들을 다루기에, 꼭 실험실이 아니어도 충분히 생물을 탐구하는 재미를 느낄 수 있을 것입니다. 아이들이나 학생들뿐만 아니라 부모님, 선생님도 함께 읽으며 식탁에서나 시장, 바닷가나 논밭에서 함께 대화할 수 있는 매개 역할을 한다면 좋겠습니다.

그럼, 지금부터 생물의 신비를 느끼러 가 볼까요?

1

탈바꿈하는
곤충의 신비

선생님, 모기에 물려 너무 간지러워요!
모기는 꼭 피를 먹어야 사나요?

모기는 사실 피를 빨지 않고도 살 수 있어요.
꽃의 꿀, 열매의 과즙만 먹고도 충분히 살 수 있죠!

그럼 도대체 왜 피를 빠는 건가요?
알려 주세요, 선생님!

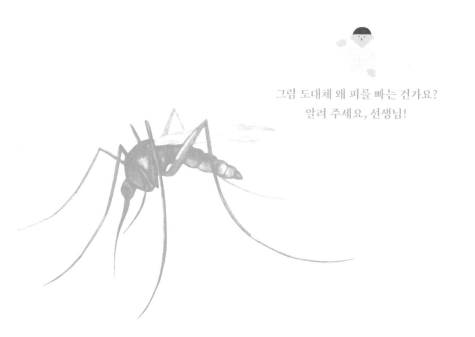

01 | 모기

모기는 왜 동물의 피를 빨까?

매년 여름이면 우리를 괴롭히는 곤충이 있죠? 이번 장에서는 모기에 대해 알아보겠습니다. 우선 모기가 유충에서 성체로 자라는 과정을 알아보기 위해 모기의 유충인 장구벌레를 잡아 관찰해 보았습니다. 모기는 물 표면에 알을 낳고, 알에서 태어난 장구벌레는 성체가 되기 전까지 물속에서 살아가죠. 그래서 물이 고여 있거나 물의 흐름이 적은 곳을 찾아 관찰해 보면 장구벌레를 쉽게 발견할 수 있답니다. 도시에는 하수구나 정화조, 수생식물 화분 등이 장구벌레의 주요 서식처예요.

장구벌레를 실체현미경으로 확대해 장구벌레의 몸 구조를 살펴보았습니다. 장구벌레의 몸은 성체인 모기와 많은 것이 다릅니다. 먼저 장구벌레의 머리 부분에는 '침 같은 입' 대신 '솔 같은 털이 달린 입'이 있어요. 장구벌레는 이런 솔 형태의 입으로 물속에서 물의 흐름을 만들어 조류나 미생물을 빨아들여 먹습니다.

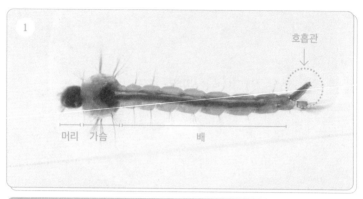

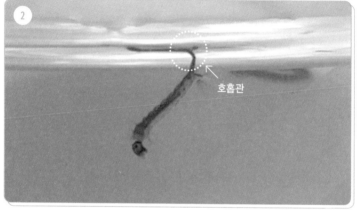

① 장구벌레를 현미경으로 확대해 보자. 장구벌레의 몸은 머리, 가슴, 배로 나뉜다. 머리 부분에 물의 흐름을 만들어 내는 기관이 있어서 조류나 미생물을 입속으로 빨아들여 먹고, 가슴 부분에는 날개와 다리가 없이 측모만 있다. 배 부분은 체절 여덟 개로 나뉘는데, 끝부분에 호흡관이라는 기관이 있다.

② 장구벌레는 주기적으로 수면 위로 올라와 호흡관을 물 밖에 내밀고 호흡한다.

그리고 장구벌레의 가슴 부분에는 성체인 모기와 달리 날개와 다리가 없는 형태입니다. 대신 가슴과 배 옆 부분에 돋아난 측모가 다리와 유사한 역할을 하죠. 배 부분은 체절 여덟 개로 나뉘고 배 끝부분에는 호흡관이라는 호흡기관이 있습니다.

장구벌레는 물속에서 살아가지만 호흡관을 물 밖에 내밀어야만 호흡이 가능하기 때문에 주기적으로 수면으로 올라와야 하죠.

모기 번데기는 어떻게 생겼을까?

장구벌레는 성체인 모기와 먹이부터 몸 구조, 사는 환경이 모두 달라서 전혀 다른 유의 곤충처럼 보이기도 하죠. 유충과 성체가 이렇게 차이 나는 것은 모기가 완전탈바꿈을 하는 곤충이기 때문입니다. 완전탈바꿈을 하는 곤충들은 유충에서 성체로 변하는 과정에서 번데기 단계를 거칩니다. 이로 인해 몸에 큰 변화가 생기기 때문에 유충과 성체의 몸 구조나 특성 등이 많이 달라집니다.

모기의 번데기는 어떻게 생겼을까요? 장구벌레는 알에서 태어난 지 7일 정도 지나면 머리와 가슴이 합쳐지며 쉼표 형태의 번데기가 됩니다. 번데기의 특이한 점은 머리가 막에 싸여 입이 없다는 점인데, 이는 번데기 시기에는 먹이 활동을 멈추고 유충 때 저장해 둔 에너지를 이용해 탈바꿈에만 집중하기 때문인 거죠.

꼬리 끝부분의 호흡관으로 호흡하던 장구벌레와 달리 번데기는 가슴 부분 위쪽에 호흡각이라는 호흡기관이 한 쌍 생겨서 이 호흡

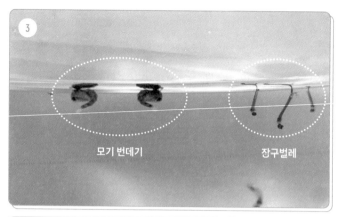

모기 번데기   장구벌레

③ 모기의 번데기를 보자. 번데기는 머리와 가슴이 합쳐지며 이렇게 쉼표 모양이 된다. 먹이
활동을 멈추고 탈바꿈에만 집중하기에 머리가 막에 싸여 입이 없다.

④ 모기의 번데기를 확대한 모습. 곤충 대다수의 번데기는 움직임이 거의 없지만, 모기의 번
데기는 꽤 활발하게 움직인다. 위험을 감지하면 물밑으로 내려갈 수 있다.

⑤ 모기의 번데기는 가슴 부분 위쪽에 호흡각이라는 호흡기관이 한 쌍 있다. (꽤 귀엽다.)

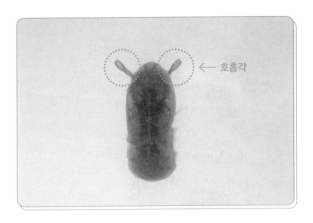

← 호흡각

각을 물 밖으로 내밀고 숨을 쉽니다. 모기 번데기는 평소에는 수면에 떠서 가만히 있지만, 위험을 감지하면 꼬리를 접었다 펴며 물밑으로 내려갈 수 있습니다. 곤충 대부분은 번데기 때는 꿈틀거리는 정도만 가능하고 움직임이 거의 없지만, 모기의 번데기는 꽤 활발하게 움직일 수 있죠.

모기는 번데기 상태로 3일 정도가 지나면 성체로 우화[1]할 수 있습니다. 성체로 우화할 준비가 완료되면 번데기는 점점 검게 변하다가 몸이 일자로 펴지고, 등 윗부분이 서서히 열립니다. 이 열린 공간 사이로 성체가 된 모기가 나오게 되죠. 번데기에서 갓 나온

....

1 우화를 이루는 한자를 볼까요? '깃털 우(羽)' '될 화(化)'로 구성된 이 용어는 한글로 풀어 '날개돋이'라고도 부릅니다. 즉 번데기가 날개 있는 성충이 된다는 의미랍니다.

⑥ 번데기가 모기로 우화하는 과정. 검게 변해 있다가 등이 일자로 펴지며 등 윗부분이 열리
고 그 틈으로 모기가 나온다.

⑦ 번데기에서 갓 나온 모기가 날개로 혈액을 보내며 날아갈 준비를 하는 모습.

성체 모기는 날개에 혈액을 보내며 잠시 동안 날아갈 준비를 한 다음 힘차게 날아갑니다.

성체 모기는 왜 피를 빨까?

모기에 물리면 물린 부위가 붉게 붓고 가려워집니다. 이유는 모기가 흡혈할 때 자신의 타액을 우리 몸속에 주입하기 때문이죠. 모기의 타액 속에는 흡혈 중에 피가 굳는 것을 막기 위해 혈액의 응고를 막는 히루딘이라는 물질과 다른 여러 단백질이 들어 있는데, 모기가 주입한 타액의 성분들이 우리 몸에서 면역반응을 일으켜 가려움과 부기를 유발하는 것이죠.

모기는 여러 사람과 동물을 옮겨 다니며 피를 빨고 타액을 주입하기 때문에 이 과정에서 바이러스나 기생충 등이 함께 이동해 질병이 전파되기도 합니다. 이런 이유들로 모기는 사람들에게 많은 피해를 주는 곤충 중 하나죠.

그런데 모기는 왜 동물의 피를 빠는 걸까요? 모든 모기 개체가 피를 빨아 먹고 산다고 많은 사람이 오해하는데, 사실 암컷 모기만 피를 뺍니다. 수컷 모기는 피를 빨지 않고 꽃의 꿀, 과즙 같은 당분만 섭취하며 살죠.

그럼 암컷 모기는 왜 흡혈하는 걸까요? 암컷 모기가 흡혈하는 이유는 암컷이 난소를 발달시키고 알을 만들 때 동물성 단백질이 필요하기 때문입니다. 그래서 암컷 모기는 흡혈하여 다른 동물의 혈액 속 단백질을 섭취합니다. 그러니 쉽게 말해서, 암컷 모기는 번식을 하기 위해 목숨을 걸고 동물의 피를 빠는 것이죠.[2]

그렇다면 수컷 모기와 암컷 모기는 어떻게 구분할까요? 수컷과 암컷을 구분하는 법은 생각보다 간단합니다. 더듬이를 보면 쉽게 구분되죠. 더듬이가 빗처럼 생긴 것이 수컷입니다. 곤충의 더듬이는 화학물질과 진동 등 여러 자극을 감지하는 역할을 하는데, 수컷

---

[2] 모기가 특히 좋아하는 사람이 있다는 것 알고 있나요? 경험상 모기에 더 잘 물리는 사람이 있어요. 그건 왜 그럴까요? 모기는 이산화탄소를 감지해 먹잇감을 찾는데, 이는 곧 동물이 숨 쉬고 있다는 증거이기 때문이죠. 어린아이들은 특히 어른보다 호흡량이 많아 이산화탄소를 많이 뱉어 내기에 모기에 더 잘 물리게 되는 겁니다. 이외에도 피에 영양소인 지방이 많이 녹아 있는 고지질혈증 또는 고혈압이 있는 사람들은 모기에 물릴 확률이 더 높다고 하네요.

⑧ (왼쪽) 수컷 모기. (오른쪽) 암컷 모기. 더듬이에 이렇게 빗처럼 털이 많은 것이 수컷이다. 수컷은 흡혈하지 않고 꽃의 꿀, 과즙 등 당분을 먹는다. 암컷도 수컷처럼 당분을 섭취하며 살 수 있지만, 피를 빼는 이유는 난소를 발달시키고 알을 만들 때 동물성 단백질이 필요하기 때문이다.

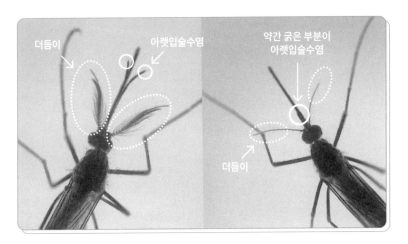

모기는 암컷을 찾기 위해 더듬이가 더 발달해 있습니다. 그리고 수컷은 입 윗부분의 아랫입술수염도 암컷보다 더 깁니다.

모기의 입은 한 개가 아니다!?

이제 모기의 날개를 관찰해 보겠습니다. 현미경으로 모기를 확대해 보면 먼저 얇은 날개 한 쌍이 보입니다. 나비와 잠자리 등 우리가 흔히 보는 날개를 지닌 곤충은 대부분 날개 두 쌍이 있는데, 모기는 날개 한 쌍을 지니는 파리목에 속하는 곤충입니다.

파리목 곤충들은 날개 두 쌍 중 한 쌍인 뒷날개가 평형곤이라는 평형기관으로 변형되어 있습니다. 평형곤은 비행 중 회전하거나 몸의 평형을 유지하는 데 도움을 주는 역할을 합니다. 그래서 파리목 곤충인 모기도 날개 밑에 평형곤을 볼 수 있는 것이죠.

모기의 머리를 관찰해 보면 머리에는 겹눈이 한 쌍 있고, 더듬이 한 쌍, 빨대 모양의 입(주둥이), 그리고 입 윗부분에 아랫입술수염이 한 쌍 있습니다. 모기는 더듬이와 아랫입술수염으로 냄새와 열, 이산화탄소 등을 감지해 먹이를 찾아내죠. 그리고 모기의 입은 찌르는 형태의 입인데, 하나의 관처럼 보이지만 사실 기관 여러 개가 합쳐진 구조입니다. 피부를 뚫고, 타액을 주입하고, 피를 빠는 역할을 하는 부위들이 합쳐져 있는 것이죠.

⑨ 모기 날개를 확대해 보자. 모기는 다른 곤충과 달리 날개 한 쌍을 지니는 파리목에 속하는 곤충이다. 나머지 날개 한 쌍은 평형곤이라는 평형기관으로 변형되어 있다.

평형곤

⑩ 모기의 입은 하나의 관처럼 보이지만 사실 여러 기관으로 이루어져 있다. 피부를 뚫고, 타액을 주입하고, 피를 빠는 기관이 외피에 둘러싸여 있다.

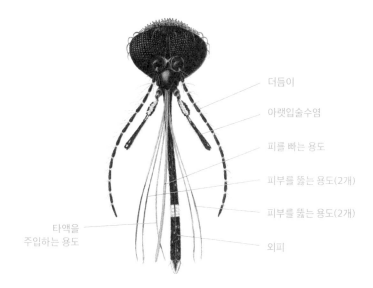

더듬이

아랫입술수염

피를 빠는 용도

피부를 뚫는 용도(2개)

피부를 뚫는 용도(2개)

타액을
주입하는 용도

외피

⑪ 모기 머리 부분을 보자. 더듬이 한 쌍과 입, 입 윗부분에 아랫입술수염이 한 쌍 있다. 모기는 이 더듬이와 아랫입술수염으로 냄새, 열, 이산화탄소를 감지해 먹이를 찾아낸다.

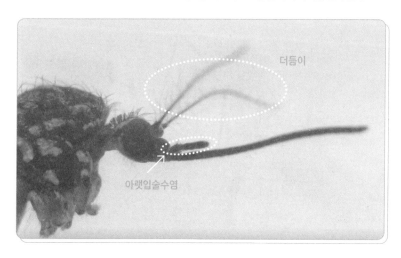

더듬이

아랫입술수염

짝짓기 한 번으로 평생 알을 낳는 모기

그리고 모기의 가슴 부분에는 날개와 다리 세 쌍이 있고, 배 끝 부분에는 생식기가 있습니다. 모기는 배 끝부분을 맞대고 짝짓기를 하는데, 특이한 점은 암컷 모기는 수컷과 단 한 번만 짝짓기를 해도 평생 동안 계속해서 알을 낳을 수 있다는 것이죠. 이것이 가능한 이유는 암컷 배 내부의 수정낭이라는 주머니에 수컷의 정자를 저장할 수 있기 때문입니다. 암컷은 수정낭에 정자를 저장해 둔 후 필요할 때마다 수정시켜 알을 낳는 것이죠.

⑫ 모기의 가슴 부분에서 날개와 다리가 나온다. 모기는 절지동물로 다리가 마디로 나뉘어 있다.

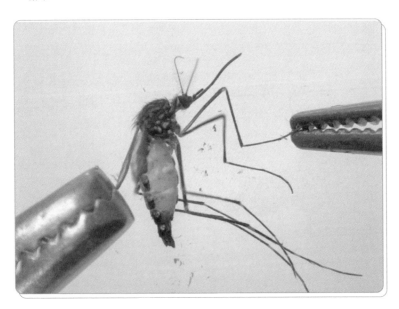

말피기관

⑬ 모기의 배는 체절 여덟 개로 나뉘어 있다.

⑭ 내부 기관을 보기 위해 체절을 당겨 보면, 내부에 흰 관이 나온다. 알처럼 생겼지만 말피
기관[3]이라는 곤충의 특수한 배설기관이다.

....

3 이탈리아의 해부학자 말피기(Marcello Malpighi)가 발견한 배설기관으로 말피기관
(Malpighi管)이라 부릅니다. 곤충류, 거미류, 다지류의 배설기관을 이르는 것으로 길
쭉한 실 모양이 특징이고, 장 뒤에 연결되어 있어 노폐물을 배설하는 역할을 합니다.

암컷 모기는 번데기에서 우화한 지 일주일 안에 알을 낳기 시작해 열 번 이상 알을 낳고 죽는다고 합니다. 게다가 한 번에 100개 이상의 알을 낳을 만큼 번식력이 뛰어나죠. 이런 뛰어난 번식력 때문에 여름이면 그토록 많은 모기들이 우리를 괴롭히는 거랍니다.

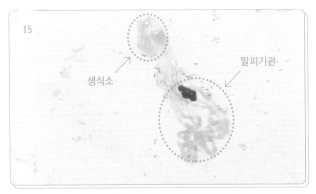

⑮ 모기의 말피기관. 말피기관 윗부분에 생식소가 있다.

⑯ 피를 빨아들인 모기에서는 이렇게 소화관에 피가 차 있는 것도 볼 수 있다.

모기는 생태계에서 어떤
역할을 하나요?

장구벌레는 물속의 찌꺼기인
유기물을 분해하는 역할을 하고,
모기는 수많은 꽃과 나무의 수분을 돕죠.
그리고 조류부터 파충류, 어류, 곤충 등
많은 동물의 주된 먹이이기도
하고요.

그렇군요! 생태계에서
많은 역할을
하는군요.

나비는 성체와 유충(애벌래)이
왜 하나도 안 닮았어요?

그 이유는 바로! 번데기 단계에서 아주아주
신기한 일이 일어나기 때문이죠!

번데기 안에서 어떤 일이 일어나나요?

마법 같은 일이 벌어진답니다.
우선 노란 배추흰나비의 알부터 보러 갑시다!

번데기 안에서는 무슨 일이 일어날까?

이번 장에서는 번데기가 나비로 변하는 과정을 살펴보기 위해 배추흰나비 알의 부화와 성장과정을 관찰해 볼게요. 배추흰나비의 알은 배추, 양배추, 케일 등 배추속 식물의 잎을 살펴보면 쉽게 발견할 수 있습니다. 배추흰나비의 알은 온도 (25~28도)와 습도를 잘 유지해 주면 3~4일 안에 알에서 유충이 탄생합니다. 갓 태어난 유충이 가장 먼저 하는 일은 알껍데기를 섭취하는 것이죠.

알껍데기로 에너지를 얻은 유충은 본격적으로 식물의 잎을 갉아 먹으면서 자랍니다. 그런데 이때 유충이 잎을 먹는 양이 꽤 많기 때문에 배추흰나비 유충은 농작물에 피해를 주는 해충으로 분류되기도 합니다.

곤충이 속한 절지동물문 생물은 모두 탈피를 하며 성장합니다. 배추흰나비 유충도 탈피를 거치며 성장하는데, 배추흰나비 유충은

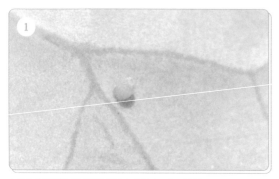

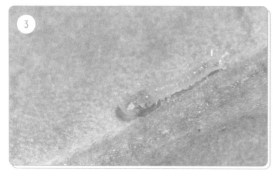

① 배추흰나비의 알. 배추속 식물의 잎을 살펴보면 쉽게 발견할 수 있다.

② 3~4일 후에 알에서 유충이 나오는 것을 관찰할 수 있다.

③ 갓 태어난 유충이 가장 먼저 하는 일은 알껍데기를 섭취하는 것이다.

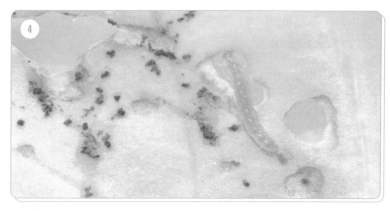

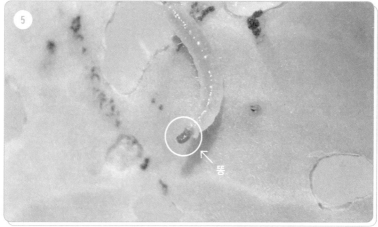

똥

④ 배추흰나비의 유충은 이렇게 잎을 갉아 먹으며 자라는데, 잎을 먹는 양이 꽤 많아서 농작물에 피해를 주는 해충으로 분류된다.

⑤ 배추흰나비 유충이 똥을 누는 모습. 배설물의 양이 꽤 많다. 끊임없이 식물의 잎을 갉아 먹으며 유충은 빠르게 성장한다.

⑥ 2밀리미터도 채 안 되는 유충이 3주 정도 지나면 이렇게 20~30밀리미터 정도로 커진다.

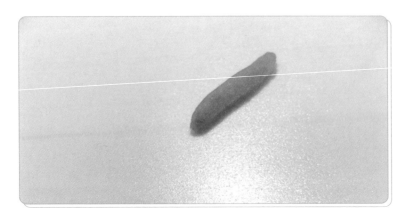

탈피를 네 번 거친 후 번데기로 변합니다. 갓 태어난 유충을 1령이라 부르고 탈피를 네 번 거친 유충을 5령이라 부르죠. 2밀리미터도 안 되던 1령 유충은 3주 정도가 지나면 20~30밀리미터 정도로 커집니다.

애벌레와 나비가 완전히 다른 모습인 이유는?

배추흰나비 유충을 관찰해 보면 다리가 없어 보이지만 오히려 성체인 나비보다 다리가 훨씬 더 많습니다. 유충은 가슴과 배 부분에 다리를 여덟 쌍 지니죠. 배추흰나비 유충은 몸을 굽혔다 펴는 방식으로 기어 다니는데, 그 이유는 가슴 부분의 다리 세 쌍으로는 걷거나 무언가를 잡고, 배부분의 다리로는 몸을 굽힌 후 땅을 밀어

내는 방식으로 이동하기 때문이죠.

신기한 사실은 배추흰나비의 유충에서 성체인 나비의 모습이 하나도 보이지 않는다는 것입니다. 유충과 성체가 완전히 상이한 생물체처럼 보일 정도로 모습이 다르죠. 이는 배추흰나비가 완전 탈바꿈을 하는 곤충이기 때문입니다.

곤충이 유충에서 성체로 변해 가는 과정을 탈바꿈이라 하는데, 곤충의 탈바꿈에는 번데기 과정을 거치며 유충에서 성체로 변화하는 '완전탈바꿈'과 번데기 과정 없이 여러 번 탈피를 하며 서서히 성체로 변하는 '불완전탈바꿈'이 있습니다.

완전탈바꿈을 하는 곤충들은 번데기 단계를 거치며 유충과 성체의 모습이 극적으로 달라진다는 특징이 있습니다. 앞에서 살핀 모기도 유충인 장구벌레와 성체의 모습이 전혀 달랐죠? 모기도 완전탈바꿈을 하는 곤충입니다.

배추흰나비도 완전탈바꿈을 하는 곤충이기 때문에 번데기 과정을 거친 후 유충과 성체의 모습이 완전히 다른 것이죠. 이는 번데기 단계에서 유충의 몸에 엄청난 변화가 일어난다는 것을 의미합니다. 번데기 내부에서는 도대체 어떤 일이 일어나는 걸까요?

번데기 내부에서 벌어지는 신비한 일

번데기가 성체로 변하는 과정을 보기 위해 번데기를 관찰해 볼까요? 탈피 네 번을 거쳐 5령이 된 유충은 잎의 뒷면이나 높은 곳

⑦ 유충의 다리를 관찰해 보면, 성체인 나비보다 다리가 많다는 걸 알 수 있다. 가슴과 배 부분에 다리가 총 여덟 쌍이 있다. 가슴 부분의 다리 세 쌍으로는 걷거나 무언가를 잡고, 배 부분의 다리로는 몸을 굽힌 후 땅을 밀어내는 방식으로 이동한다.

배 부분 다리

가슴 부분 다리

으로 이동해 번데기로 변합니다. 번데기가 되는 과정은 번데기로 외부의 형태가 변하는 것이 아니라, 유충 내부에서 번데기 형태가 형성되고 겉껍질(외피)이 벗겨지는 방식, 즉 탈피와 같은 형태로 이뤄집니다.

유충은 번데기로 변한 후 나비로 우화하기까지 7일 정도의 기간 동안 아무것도 먹지 않고 탈바꿈에만 힘을 쏟습니다. 이 시기를 위해 유충 때 끊임없이 식물의 잎을 먹으며 에너지를 저장했던 거죠. 충격적인 사실은, 초기 단계의 번데기 내부는 내부 기관 대부분이 녹아 거의 액체 형태로 변하게 된다는 점입니다. 번데기 시기에는 곤충의 내부가 '단백질 수프'로 변해 버린다고 표현되기도 하죠. 이는 놀랍게도 번데기 내부에서 유충의 몸 대부분이 녹아 버린 후 성체의 몸이 완전히 재구성되는 신비로운 현상이 일어나기 때문입니다.

⑧ 유충은 잎의 뒷면이나 높은 곳으로 이동해 번데기로 변한다. 번데기는 아무것도 먹지 않고 움직이지 않으며, 탈바꿈에만 힘을 쏟는다.

태어날 때부터 배추흰나비 유충의 몸에는 유충 세포뿐만 아니라 성체가 될 예정인 성충 세포라는 미분화된 세포 집단이 존재합니다. 그런데 유충은 번데기가 된 후 스스로 자신의 몸을 내부부터 소화시켜 유충 세포 대부분을 녹여 버리고, 유충의 몸에 있던 성충 세포를 빠르게 분화하고 증식하여 번데기 내부에서 성체의 몸이 새롭게 만들어지도록 하는 거죠.

이 과정에서 번데기 내부가 "완전히 액체로 변했다"라고 표현되기도 하는데, 사실 이 과정에서 번데기 내부의 모든 부위가 액체로 변하는 것은 아닙니다. 유충의 호흡기관과 심장, 뇌의 일부분인 버섯체 등은 그대로 남아 있죠. 그래서 배추흰나비는 번데기를 거쳐 성체가 된 후에도 유충 때의 기억을 여전히 지닌다고 합니다.[1]

번데기가 성체로 우화하는 모습을 관찰해 보면, 번데기는 시간이 지날수록 서서히 성체의 몸이 형성되며 색이 짙어지는 것을 볼 수 있죠. 배추흰나비의 번데기는 7일 정도가 지나면 등 부분이 갈라지며 성체가 나옵니다. 번데기에서 나온 성체는 날개로 혈액을 공급하죠. 이는 접혀 있던 날개에 혈액을 공급하여 날개를 펼치고, 잠시 동안 날개를 말리는 시간을 갖는 것입니다.

---

[1] 버섯체는 곤충, 절지동물의 뇌에서 볼 수 있는 버섯 모양의 구조로 기억에 매우 중요한 역할을 하는 것으로 알려져 있습니다.

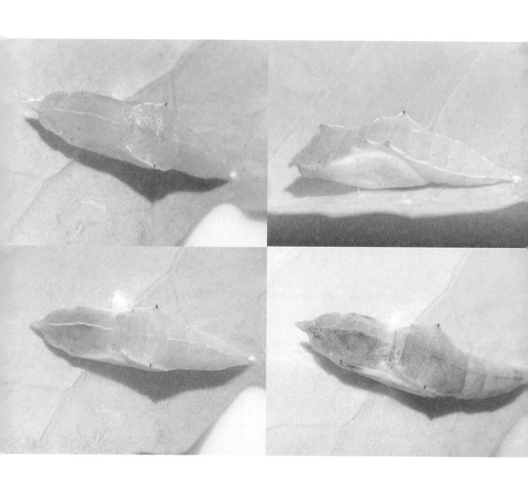

⑨ 번데기를 관찰해 보자. 처음에 투명해 보였던 번데기 내부가 시간이 지나며 색상이 점점
  진해지는 것을 볼 수 있다. 배추흰나비의 날개 부분이 형성되며, 서서히 성체의 몸이 형성
  되는 과정을 관찰할 수 있다.

번데기에서 우화한 성체는 이제 유충과 거의 모든 것이 다릅니다. 성체는 긴 다리 세 쌍과 날개 두 쌍이 생겼으며 커다란 겹눈과 곤봉 모양 더듬이도 새롭게 형성되었습니다. 그중에서도 가장 중요한 차이는 바로 입의 형태입니다. 유충은 잎을 씹기 좋도록 씹는 형태의 입을 지녔지만, 번데기에서 우화한 성체는 긴 관 모양의 입을 지닙니다.

성체는 이제 더 이상 잎을 씹어 먹지 않고 관 형태의 입을 이용해 꽃의 꿀을 빨아 먹으며 살아갑니다. 이 과정에서 성체는 식물의 수분을 돕게 되는데, 이 때문에 해충이었던 유충 때와 달리 익충으로 여겨지는 차이도 생깁니다. 이렇듯 배추흰나비의 유충과 성체는 번데기 단계를 거치며 외부 모습뿐만 아니라 서식지, 먹이, 천적 등 특정 생태계에서 종의 역할, 위치 등을 의미하는 '생태적지위' 자체가 완전히 달라지게 되는 거죠.

유충과 성체의 생태적지위의 차이는 배추흰나비가 생태계에서 살아가는 데 커다란 이점이 있습니다. 유충과 성체가 전혀 다른 환경에서 살아가기 때문에, 서로 먹이나 서식지를 두고 경쟁하지 않아도 되어 생태계에서 살아남을 확률이 높아지게 되는 것입니다. 번데기 시절은 꽤 긴 시간 동안 영양분을 섭취할 수도 없고, 주변 포식자들의 위협에 그대로 노출되는 위험한 일이지만, 우화에 성공하면 생존하는 데에 이득을 많이 취할 수 있기 때문에, 이는 훌륭한 생존 전략이죠.

유충 시절과 길고 험한 번데기 시절을 견뎌 내고 성체인 나비로 탄생하는 과정을 보고 나니, 나비가 더 아름답게 보이지 않나요? 우리도 고난이 닥쳤을 때, 나비가 되어 훨훨 날아가기 위해 열심히 준비하는 과정이라고 생각해 보는 건 어떨까요?

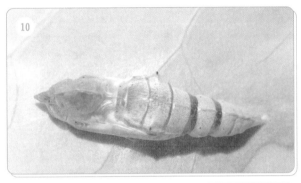

⑩ 번데기의 외피가 투명해지면 우화할 준비가 거의 다 된 것이다.

⑪ 번데기의 앞부분이 열리며 성체인 나비가 나오고 있다.

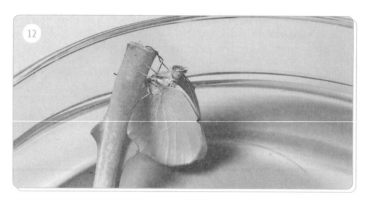

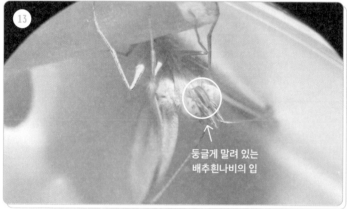

둥글게 말려 있는
배추흰나비의 입

⑫ 번데기에서 나온 성체는 날개를 말리는 시간을 가지는데, 이때 날개로 혈액을 공급하여
   접혀 있던 날개를 펼친다.

⑬ 유충과는 전혀 다른 모습이 된 나비. 그중에서도 가장 중요한 차이는 바로 입의 형태다.
   유충의 입은 씹는 형태였는데, 나비의 입은 긴 관으로 빠는 형태이다.

선생님, 그럼 불완전
탈바꿈을 하는 곤충은
어떤 곤충인가요?

불완전탈바꿈을 하는 곤충은 매미, 메뚜기,
잠자리 등이 있어요. 이 곤충들은 유충과
성체의 모습에 큰 차이가 없이 유사하죠.
불완전탈바꿈을 하는 곤충 중에는 간혹
잠자리처럼 유충과 성체의 모습이 꽤 다른 곤충도
있지만, 번데기 단계를 거치지 않고 탈피를
여러 번 하며 성체로 변화하기 때문에
완전탈바꿈을 하는 곤충처럼 드라마틱한
형태의 변화는 없답니다.

선생님, 매미 소리는 자세히 들어 보면 꽤 다양해요.
맴맴맴~ 하고 울기도 하고, 찌르르르~ 하고 울거나,
쓰츠스츠스츠 호시~ 하고 울기도 하고요.
매미 하나가 이렇게 다양한 목소리로 우는 건가요?

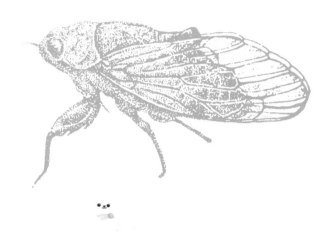

음, 물론 다양한 소리로 우는 매미도 있지만,
매미 울음소리 대부분은 일정한 규칙을 가진답니다.
매미 소리가 다양하게 들리는 이유는, 매미의
종에 따라 조금씩 울음소리가 다르기 때문이죠!

아하! 종마다 울음소리가 다르군요.
그런데 매미는 작은 몸에서 어떻게 그렇게
큰 소리를 낼 수 있는 걸까요?

03 | 매미

매미는 어느 부위로
큰 소리를 만들어 낼까?

이번 장에서는 여름을 알리는 곤충인 매미에 대해 알아보겠습니다. 매년 여름이 찾아오면 어디선가 매미가 나타나 큰 소리로 울어댑니다. 매미가 여름마다 시끄럽게 우는 이유는 무엇일까요? 매미가 커다란 울음소리를 내는 주된 이유는 짝짓기를 하기 위해서입니다. 그래서 매미 울음소리의 정체는 수컷 매미가 암컷에게 자신의 위치를 알리고 유인하기 위한 구애의 노랫소리인 거죠. 이런 구애는 수컷 매미의 행동이기 때문에 울음소리를 낼 수 있는 것은 수컷 매미뿐이고, 암컷은 울음소리를 내지 못한답니다.

그리고 수컷 매미는 종마다 울음소리에 차이가 있습니다. 그 이유는, 구애를 통해 같은 종의 암컷을 유인해야 하기 때문이죠. 우리나라의 매미를 예로 들어 보면, "맴맴맴~" 소리는 참매미의 울음소리, "찌르르르~" 소리는 말매미의 울음소리, "쓰츠스츠스츠

① 울음소리를 낼 수 있는 것은 수컷 매미뿐이고 암컷은 울음소리를 내지 못한다. 그런데 이 작은 매미는 어느 부위에서 이렇게 큰 소리를 낼 수 있는 걸까?

호시→쓰히히히히→스삐융스삐융~→쓰으으~"이렇게 복잡한 패턴으로 우는 것은 애매미의 울음소리입니다.

여름철에 매미가 운다면 귀를 기울여서 들어 보세요. 울음소리만으로도 어떤 종의 매미인지 꽤 쉽게 구분할 수 있답니다.

QR 코드를 통해 영상에서
종마다 다른 매미 울음소리를 들을 수 있다.
참매미, 말매미, 애매미 순

매미의 입은 어떻게 생겼을까?

우선 매미의 몸 구조를 살펴보기 위해 "찌르르르~"하고 우는 말매미를 관찰해 보겠습니다. 말매미는 우리나라 매미 중 가장 크고, 또 가장 시끄러운 소리로 우는 종이죠. 매미는 곤충이기 때문에 외부 모습을 관찰해 보면, 머리, 가슴, 배로 몸이 나뉩니다.

머리 부분에는 겹눈과 홑눈이 있는데, 매미는 두 겹눈 사이가 먼 것이 특징이고 그 중간에는 홑눈 세 개가 있습니다. 현미경으로 확대해 보면 겹눈 사이에 홑눈이 삼각형 구도로 배치되어 있죠. 겹눈은 사물의 움직임과 색을 구별하는 용도이고, 홑눈은 명암을 구별하는 용도입니다.

그리고 매미는 빨대 같은 형태의 '찌르는 입'을 가지고 있습니다. 매미는 소금쟁이, 노린재, 매미 등과 함께 노린재목에 속하는

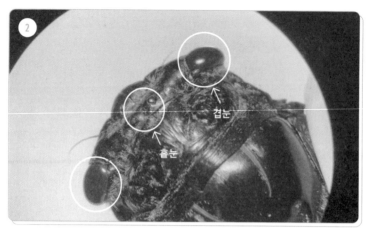

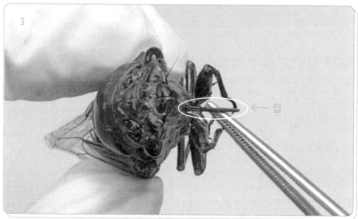

② 말매미의 겹눈과 홑눈. 말매미는 두 겹눈 사이가 먼 것이 특징이고 겹눈 사이에 홑눈 세 개가 삼각형 구도로 배치되어 있다.

③ 매미는 입이 배 쪽으로 접혀 잘 보이지 않지만, 펴 보면 모기와 같은 찌르는 입을 지니고 있음을 알 수 있다. 이 입으로 나무의 수액을 빨아 먹는다.

곤충인데, 노린재목 곤충은 찌르는 입을 지니는 것이 특징입니다. 노린재목 곤충은 찌르는 입을 이용해 식물의 즙이나 동물의 체액을 빨아 먹으며 살아가는데, 그중 매미는 나무의 수액을 빨아 먹으며 살죠.

나무 밑 갑자기 떨어진 물방울의 정체는?

찌르는 입으로 나무의 수액을 섭취하는 매미의 식성으로, 여름철에는 재미있는 현상을 관찰할 수 있습니다. 혹시 날씨가 맑은 여름날 나무 밑을 지나다가 물방울을 맞아 본 적 있나요? 그 물방울은 매미의 오줌일 확률이 굉장히 크답니다. 매미는 나무의 수액을 빨아 먹을 때, 수액에 들어 있는 수분을 많이 섭취하게 됩니다. 그래서 매미는 몸속으로 들어온 과다한 수분을 처리하기 위해 꽤 많은 오줌을 방출합니다. 이때 매미는 오줌을 물총 쏘듯 방출해 내보내는데, 매미는 수액을 먹는 곤충 중에서도 다량의 오줌을 꽤 자주 내보내는 생물이기 때문에 여름철 나무 밑에서 물방울을 맞게 된다면 매미의 오줌일 확률이 굉장히 높답니다.

그리고 매미는 오줌이 방출될 때 일어나는 수분 증발을 통해 체온을 내리기도 합니다. 특히 햇볕이 뜨겁고 더운 날, 매미는 오줌을 더 자주 누죠. 그래서 여름철 그늘진 나무 밑을 지나간다면 매미 오줌을 마주할 확률이 아주 높답니다. 하지만 매미 오줌을 맞았다고 너무 기분 나빠할 필요는 없어요. 매미의 오줌은 나무 수액과

④ 매미가 오줌을 누는 모습. 매미 오줌은 나무 수액과 성분이 비슷하니, 맞아도 인체에 전혀
　해롭지 않다.

성분이 비슷하고 인체에 해롭지는 않으니, 너무 걱정하지 않으셔
도 된답니다.

매미 울음소리는 어디에서 나오는 걸까?

　매미는 울음소리가 아주 커서 여름철 우리의 잠을 방해하기도 합
니다. 그런데 매미는 작은 몸의 어느 부위에서 그토록 커다란 소리
를 만들어 내는 걸까요? 매미 울음소리의 비밀은 가슴과 배 부분에

서 알아낼 수 있습니다. 함께 매미의 가슴과 배 부분을 살펴봅시다.

매미는 가슴 부분에 다리와 날개가 있는데 배 쪽에는 다리 세 쌍이, 등 쪽에는 날개가 있습니다. 매미의 날개는 한 쌍처럼 보이지만 펼쳐 보면 두 쌍으로 이루어져 있죠. 곤충 대부분은 날개 두 쌍을 지닙니다.

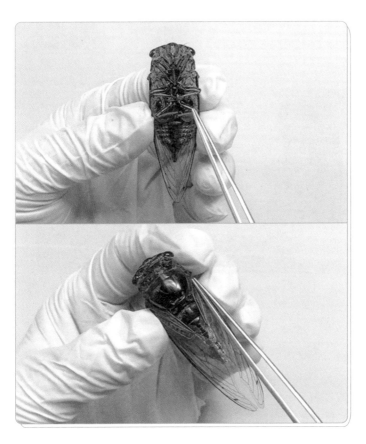

⑤ 가슴 부분에 다리와 날개가 위치하는데 배 쪽에는 다리 세 쌍이, 등 쪽에는 날개가 있다.

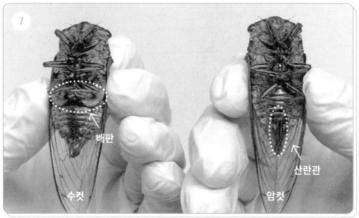

배판

산란관

수컷

암컷

⑥ 매미의 날개를 펼쳐 보면, 두 쌍이라는 걸 알 수 있다. 곤충 대부분은 날개 두 쌍을 가진다.

⑦ 매미는 배 부분을 보면, 암수를 구분할 수 있다. 수컷은 배판이라는 기관이 있고 꼬리 쪽
이 뭉툭하지만, 암컷은 배판이 없고 꼬리 쪽에 알을 낳는 부위인 뾰족한 산란관이 있는 것
이 특징이다.

그리고 배 부분을 보면 매미의 암수를 확실히 구분할 수 있습니다. 수컷 매미는 배 부위에 배판이라는 기관이 있고 꼬리 쪽이 뭉툭하지만, 암컷은 배판이 없고 꼬리 쪽에 알을 낳는 부위인 뾰족한 산란관이 있는 것이 특징이죠.

수컷에만 배판이 있어서인지 매미의 울음소리는 배판에서 난다고 알고 있는 사람도 꽤 많습니다. 하지만 이것은 사실이 아닙니다. 매미 울음소리의 비밀은 날개 바로 밑부분에 숨어 있죠. 날개를 들어 보면 매미가 소리를 만들어 내는 기관인 발음판이 있습니다. 울음소리를 내지 않는 암컷 매미에서는 날개를 들어도 발음판을 볼 수 없죠.

발음판에서 소리가 만들어지는 원리는 매미의 복부 내부를 보면 쉽게 알 수 있습니다. 발음판 아래의 복부 내부를 관찰해 보면 V 자로 된 기관이 각각의 발음판과 연결되어 있는 것 볼 수 있습니다. 이 V 자 부위는 발음근이라는 매미의 근육입니다. 발음근은 발음판과 연결되어 있어서 발음근이 수축과 이완을 하면 발음판이 접혔다 펴지며 특정한 소리가 나게 됩니다. 마치 알루미늄 캔이 찌그러졌다 펴질 때 나는 소리와 유사한 원리죠.

매미는 이 발음근을 초당 300~400회 가까이 수축, 이완하며 발음판을 빠르게 접었다 펴는데, 이때 나는 연속적인 소리가 바로 우리가 듣는 매미 소리인 겁니다. 그래서 매미가 우는 모습을 잘 관찰해 보면 근육의 수축 때문에 배가 움찔움찔하며 움직이는 것을 볼 수 있답니다.

또 매미가 아주 큰 울음소리를 낼 수 있는 것은, 발음판 아래쪽

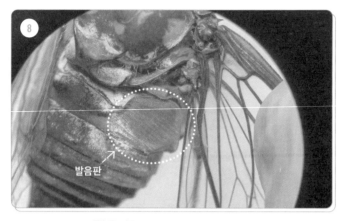

발음판

발음근

⑧ 매미 울음소리의 비밀은 날개를 들춰 보면 보이는 이 발음판에 있다. 발음판은 울음소리를 내는 수컷에만 있다. (이 매미는 참매미다. 말매미는 색이 짙어 발음판이 잘 보이지 않는다.)

⑨ 발음판 윗부분을 조심스럽게 잘라 보자. 내부를 관찰하면 V 자로 된 기관이 발음판과 연결되어 있는 것을 볼 수 있다. 이 부위는 발음근으로 이 근육이 수축과 이완을 하면 발음판이 접혔다 펴지며 특정한 소리가 나게 된다. 매미는 이 발음근을 초당 300~400회 가까이 수축, 이완하여 발음판을 접었다 펼치는 식으로 소리 낸다. 정확히 말하면 매미는 우는 것이 아니라 떠는 것이다.

의 배 내부가 텅텅 비어 있기 때문이죠. 매미의 발음판에서 발생한 소리가 배 내부 빈 공간에서 공명 현상이 일어나며 더욱 증폭됩니다. 발음근을 수축하며 만든 소리가 배의 빈 공간에서 20배로 증폭되는 것입니다. 이것이 바로 매미가 큰 울음소리를 만들어 내는 원리로, 바이올린 등의 현악기에 울림통이 달려 있는 것과 같은 구조인 겁니다. 신기하죠?

매미는 번데기가 없다!

마지막으로 매미 유충은 수년 동안 땅속에서 나무뿌리의 수액을 빨아 먹으며 자라다가 짝짓기를 하기 위해 땅 위로 올라옵니다. 밖으로 나온 매미 유충은 나무에 오른 후 탈피를 해서 우리가 잘 아는 성체 매미가 됩니다. 그래서 여름철에는 나무를 잘 살펴보면 매미가 성체로 변해 날아가고 남은 흔적들을 쉽게 발견할 수 있습니다.

그런데 꽤 많은 분들이 이러한 매미의 탈피 흔적을 매미 번데기라 알고 있습니다. 하지만 이 탈피각은 번데기와는 완전히 다르답니다. 매미는 번데기 단계 자체가 없는 불완전탈바꿈을 하는 곤충이기 때문이죠. 앞서 살펴본 모기와 배추흰나비는 완전탈바꿈을 하는 곤충으로 번데기 단계를 거치며 성체가 되는 곤충이지만, 매미는 번데기 단계 없이 여러 번의 탈피, 즉 허물벗기만을 통해 서서히 성체로 변하기 때문에 번데기라는 단계 자체가 존재하지 않

⑩ 여름철에 나무를 잘 살펴보면 매미가 성체로 변해 날아가고 남은 흔적인 '매미의 탈피각'
   을 쉽게 발견할 수 있다.

⑪ 자세히 보면 등 부분이 열린 흔적을 볼 수 있다.

는 것이죠. 그러니 이런 매미의 흔적은 번데기가 아니라 '매미의 탈피각(허물)'이라고 하는 것이 정확한 표현입니다.

매미는 여름마다 나타나는 친숙한 곤충이지만 몰랐던 사실들이 참 많죠? 매미에 대한 비밀들을 많이 알게 되었으니 올여름에는 매미를 좀 더 관심 있게 관찰해 봅시다!

선생님! 나무 밑에서 떨어지던
그 물이 정말 매미 오줌이란 말인가요?
나뭇잎에 매달린 이슬인 줄 알았는데,
그렇다고 하기에는 양이
너무 많았죠…….

매미뿐만 아니라 수액을 섭취하는 곤충은
오줌을 다 눕니다. 비가 오지 않는 날 나무 밑에서
물방울 정도를 맞았다면 매미가 아닌
다른 곤충일 수도 있어요. 하지만 매미처럼
오줌을 많이 누는 곤충은 흔치 않아요.
그러니 화창한 여름날 꽤 많은 물을 맞았다면,
그건 매미 오줌일 확률이
굉장히 높답니다. 하하.

물 위를 걸어 다녀서 외국에서
예수님 벌레(Jesus bug)라고 불리는
곤충이 있습니다. 무슨 곤충일까요?

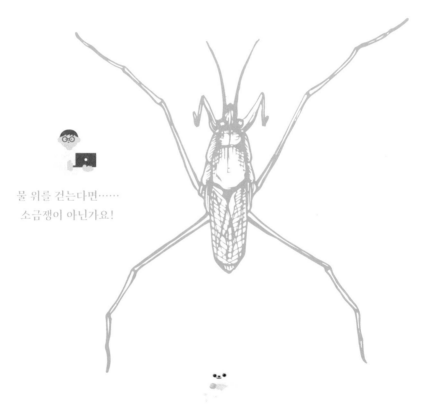

물 위를 걷는다면……
소금쟁이 아닌가요!

맞아요. 그럼 소금쟁이가 어떻게
물 위에 서 있을 수 있는지 알고 있나요?
그 원리를 알기 위해 소금쟁이를 관찰하러 갑시다!

04 │ 소금쟁이

소금쟁이는 어떻게 물 위를 걸을까?

소금쟁이는 물 위를 걷는 신기한 곤충입니다. 곤충들은 대부분 완전히 땅 위에서 생활하거나 물속에서 살아가는데, 소금쟁이는 특이하게도 물과 육지의 경계면에 서식하는 곤충이죠. 게다가 소금쟁이는 물 위를 자유롭게 걸어 다니며 이동하는 신기한 모습도 볼 수 있습니다. 이번 장에서는 소금쟁이의 비밀을 알아보겠습니다.

소금쟁이는 물의 흐름이 적은 호수나 연못, 물웅덩이 등의 물 표면에서 살아갑니다. 호수나 계곡이 아닌 도시에서도 물이 고여 있는 곳을 자세히 들여다보면 소금쟁이를 쉽게 발견할 수 있죠. 이 소금쟁이는 도대체 어디에서 나타난 것일까요?

소금쟁이는 날 수 있다!

물이 고여 있는 여러 장소에서 소금쟁이를 볼 수 있는 이유는 소금쟁이가 서식지를 옮겨 다닐 수 있기 때문입니다. 사람들 대부분이 잘 모르는 사실이 하나 있습니다. 바로 소금쟁이는 날 수 있다는 사실이죠. 날개가 퇴화된 종도 있지만, 대다수 소금쟁이는 가슴 부분에 날개가 있어서 날아다니며 다른 장소로 이동할 수 있어요. 또 수면에서만 움직일 수 있는 것이 아니라 물 밖의 땅 위에서도 점프를 하며 이동할 수 있죠.

신기하게도 소금쟁이는 서식지에 따라 날개 형태의 차이가 나타나기도 합니다. 넓은 호수에 사는 소금쟁이 종은 서식지를 옮길 일이 없어서 날개가 작거나 퇴화된 종이 많고, 얕은 물웅덩이나 연못 등에 사는 소금쟁이는 물이 마르면 물이 있는 곳으로 이동해야 하므로 호수에 사는 종보다는 큰 날개를 지니는 경향이 있다고 합니다. 신기하죠?

하지만 날개를 이용해 날아다니며, 물 밖에서 이동할 수 있는 것은 곤충 대다수가 지닌 당연한 특성입니다. 소금쟁이의 가장 신기한 특성은 물 위에 떠 있다는 것이죠. 사실 곤충 대부분은 몸이 가벼워서 물에 뜰 수 있지만, 소금쟁이는 물에 둥둥 뜨는 것과는 차원이 다른 능력이 있습니다. 소금쟁이는 발끝으로 물 위에 서 있고 물 위를 걸어 다니는 능력을 지닌 곤충이죠. 물 위를 딛고 서 있을 수 있는 이유를 알아보기 위해 소금쟁이를 현미경으로 관찰해 봅시다.

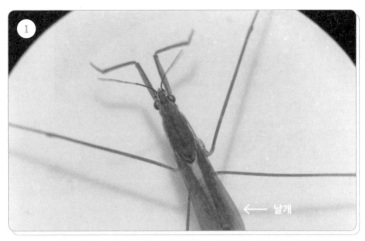

← 날개

① 물이 있는 곳이면 어디든 소금쟁이가 있는 이유는 서식지를 옮겨 다닐 수 있기 때문이다. 가슴 부분에 날개가 있어서 날아다니며 이동할 수도 있다.

② 소금쟁이는 정말 이렇게 발 끝으로 물 위에 서 있다.

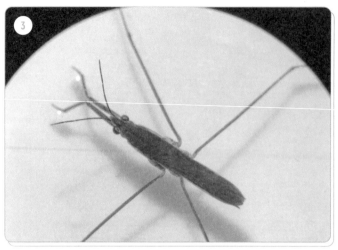

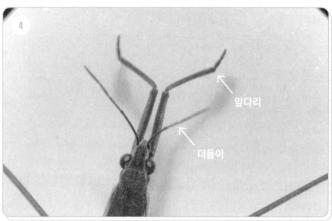

③ 소금쟁이를 현미경으로 관찰해 보자. 곤충이므로 머리, 가슴, 배로 나뉜다. 머리 부분에는
   더듬이 한 쌍과 겹눈이 있다. 가슴 부분에 다리 세 쌍이 있는데 앞다리는 짧고 나머지 다
   리 두 쌍은 굉장히 길다.

④ 앞다리는 사마귀의 다리와 비슷한 형태로 먹이를 잡는 역할을 한다.

물 위를 걷는 소금쟁이 다리의 비밀

우선 소금쟁이 머리 부분에는 겹눈 한 쌍과 네 체절로 나뉜 더듬이 한 쌍이 있습니다. 그리고 가슴 부분에 다리 세 쌍이 있는데, 앞다리는 짧고 나머지 다리 두 쌍은 굉장히 길죠. 소금쟁이의 앞다리는 사마귀의 다리와 비슷한 형태로 먹이를 잡는 역할을 합니다. 앞다리에 작은 발톱이 있어서 먹이를 단단히 잡을 수 있죠.

그러므로 소금쟁이는 물 위를 떠다니다 앞다리를 이용해 물에 빠진 곤충을 사냥해 잡아먹는 육식 곤충입니다. 앞다리로 먹잇감을 잡고 침 같은 입을 찔러 넣어 체액을 빨아 먹는데, 곤충뿐만 아니라 죽은 물고기를 먹기도 하죠. 다행히 소금쟁이는 모기와 달리 사람의 피를 빠는 경우는 잘 없다고 합니다.

물 위를 걷는 소금쟁이의 비밀은 바로 소금쟁이 다리에서 분비되는 물질에 숨어 있습니다. 소금쟁이의 다리를 확대해 보면, 수많은 잔털이 있습니다. 그리고 이 잔털에서는 물과 섞이지 않는 소수성 성질을 띠는 기름 성분이 분비됩니다.

소금쟁이는 이러한 다리의 기름 성분이 물을 밀어내는 힘과 다리를 밀어 올리는 물의 표면장력에 의해 물 위에 떠 있을 수 있는 부력을 얻게 되는 거죠. 이 밖에도 소금쟁이의 길쭉한 다리는 무게를 분산하기에 유리한 구조이고, 다리의 잔털 사이에 생기는 공기 방울이 추가로 부력을 형성하는 역할도 합니다. 게다가 몸 대비 몸무게도 굉장히 가볍기 때문에 소금쟁이는 물 위에 쉽게 떠 있고 자유롭게 걸어 다닐 수 있는 것이죠.

⑤ 소금쟁이의 다리를 확대해 보면, 수많은 잔털이 있는데 이 잔털에서 물과 섞이지 않는 기름 성분이 분비된다. 이 덕분에 소금쟁이는 다리가 물을 밀어내는 힘과 소금쟁이의 다리를 밀어 올리는 물의 표면장력에 의해 물에 떠 있을 수 있게 된다.

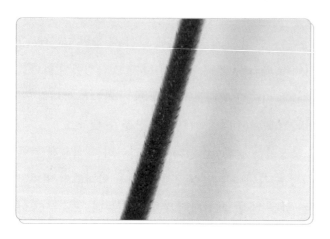

1초에 자기 몸의 100배의 거리를 이동하는 소금쟁이

정말 소금쟁이는 물 위를 걷기에 최적화된 몸을 지니고 있죠? 소금쟁이는 단순히 물 위에 뜨는 것을 넘어서 물 위를 스케이트를 타듯이 빠르게 움직이며 돌아다닙니다. 소금쟁이의 움직임은 1초에 자기 몸의 100배의 거리를 이동하니, 사람으로 치면 1초에 약 150~200미터를 이동하는 정도로 빠릅니다.

이렇게 빠른 속도로 이동할 수 있는 이유는 소금쟁이의 중간 다리 덕분입니다. 소금쟁이는 중간 다리를 이용해 노를 젓듯이 움직이는데, 이때 물속에서 소금쟁이의 진행 방향과는 반대쪽으로 소용돌이가 형성되며 그 반작용을 이용해 빠르게 앞으로 나아갈 수 있게 되는 것이죠. 그리고 가장 뒷다리는 배의 키와 같은 역할을 해서 물 위를 이동할 때 방향을 자유롭게 조정합니다.

그런데 최근 환경오염이 심해지며, 소금쟁이의 개체수가 줄어들고 있습니다. 소금쟁이가 물 위에 뜨는 데는 다리의 기름 성분이 큰 역할을 하기 때문에, 소금쟁이는 물과 기름 성분을 섞이게 만드는 계면활성제(비눗물)가 있는 환경에서는 물에 뜨는 능력을 잃고 물에 빠져 죽어 버리게 됩니다. 요즘에는 기름이 유출되거나 수질이 오염되며 소금쟁이가 죽게 되는 경우가 점점 많아지고 있다고 합니다. 환경오염은 이렇듯 다양한 방식으로 생물에게 피해를 주고 있으니, 우리 곁의 생물을 생각하며 좀 더 경각심을 가져야겠습니다.

⑥ 소금쟁이는 중간 다리를 이용하여 물 위에서 노를 젓듯이 이동하는데 이때 물속에서 소용돌이가 형성되며 그 반작용으로 빠르게 앞으로 나아갈 수 있게 된다. 중간 다리로는 추진력을 얻고, 뒷다리로는 방향을 잡는다.

물결로 상호작용하는 소금쟁이

마지막으로 소금쟁이는 먹잇감이 물에 빠지자마자 물결을 감지해 그 위치를 찾아내어 몰려들 정도로, 물 표면에서 일어나는 파동을 감지하는 능력이 뛰어납니다. 소금쟁이는 몸 주변에 잔물결을 일으켜 다른 개체와 여러 상호작용을 하기도 하죠.[1]

소금쟁이는 자신의 주변에 파동을 일으켜 영역을 표시하기도 하고, 심지어 짝짓기할 때도 파동을 이용합니다. 수컷 소금쟁이는 짝짓기에서 파동을 협박의 용도로 사용하죠. 수컷은 짝짓기 시기가 오면 암컷 근처로 이동해 일부러 잔물결을 일으킨다고 합니다. 이런 수면의 잔물결은 포식자를 부를 위험이 있는데, 수컷은 자신과 짝짓기를 해 주지 않으면 포식자를 유인하겠다는 협박을 해 암컷과 짝짓기를 하는 거죠. 소금쟁이는 굉장히 특이한 번식 전략을 가졌죠?

곤충의 생식소와 생식기는 배 부분에 있기 때문에 소금쟁이는 배 끝부분을 맞대어 짝짓기를 합니다. 그리고 짝짓기를 마친 암컷은 부유식물이나 물에 떠 있는 물체를 찾아 알을 낳고, 그곳에서 새끼 소금쟁이가 탄생해 소금쟁이의 한살이가 계속 이어진답니다.

....

1 소금쟁이는 육식동물로 주로 물고기 시체나 수면 위에 떨어진 곤충의 체액을 먹고 삽니다. 소금쟁이는 각각의 세력권을 가지고 사는데, 자신의 둘레에 원을 그림으로써 영역 표시를 하고 다른 소금쟁이가 들어오지 못하게 하며 세력권을 이뤄요. 물 위를 이리저리 돌아다니기 때문에 세력권도 이동할 때마다 변한답니다.

⑦ 소금쟁이는 몸 주변에 잔물결을 일으켜 다른 개체와 여러 상호작용을 한다. 자신의 주변에 파동을 만들어 영역을 표시하기도 하고, 수컷은 암컷과 짝짓기를 하는 데 파동을 이용한다.

소금쟁이는 완전탈바꿈과
불완전탈바꿈 중 어떤 탈바꿈을
하는 곤충인가요?

유충   성체

소금쟁이는 불완전탈바꿈을 하는
곤충이랍니다. 유충과 성체의 모습을
볼까요? 거의 똑같은모습이죠.
불완전탈바꿈을 하는 곤충들은
유충과 성체의 모습이
비슷하답니다.

2

담수에 숨어 있는
놀라운 생명체들

히드라라는 생물을 아세요?

그리스신화에 나오는
머리 여러 개 달린 괴물이요?!
정말 있는 생물인가요?

하하. 오늘은 그 비슷하게 생긴
실존하는 히드라를 보러 갈 거에요!

05 | 히드라

신화 속 괴물을 닮은 생물

　　　　　　　　　히드라는 머리가 아홉 개 달린 그리스신화 속 괴물입니다. 그런데 이 괴물과 비슷하게 생겨 히드라라는 이름이 붙은 생물이 존재한다는 사실 알고 있나요? 신화 속 괴물과 똑같은 이름이라 무시무시한 생물일 것 같지만, 너무 걱정은 안 하셔도 됩니다. 히드라는 물속에 살고 있는 아주 작은 생물이기 때문이죠. 게다가 히드라는 우리나라에서도 꽤 쉽게 볼 수 있는 생물이기도 합니다.

　히드라를 보려면 저수지나 연못처럼 물의 흐름이 적은 곳을 찾아보면 됩니다. 히드라는 수초에 붙어서 살아가는 경우가 많으니, 수초와 함께 물을 떠낸 후 그 주변을 잘 찾아보면 히드라를 볼 수 있죠.

　히드라를 현미경으로 확대해 보면, 신화 속 괴물과 꽤 닮은 모습을 볼 수 있습니다. 여러 머리 대신 촉수를 여러 개 지니고 있죠. 히

드라의 모습을 자세히 보기 위해 현미경을 이용했지만, 히드라는 5~15밀리미터 크기로 눈으로도 볼 수 있는 생물입니다.

히드라의 정체는?

히드라는 해파리, 말미잘과 같은 자포동물입니다. 자포동물 대부분은 바다에서 살아가지만 일부 히드라 종은 담수에도 서식하고 있습니다. 이번 장에서 살펴보는 히드라는 우리나라의 담수에 서식하는 히드라죠.

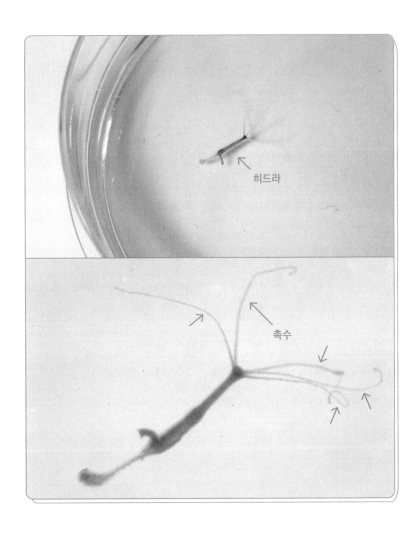

히드라

촉수

② 히드라를 자세히 보기 위해 현미경으로 확대해 보자. 이것은 머리가 아니라 촉수이지만,
신화 속 히드라 괴물과 꽤 닮았다.

자포동물은 해파리처럼 운동성을 가지는 해파리형 구조로 살거나 말미잘처럼 한곳에 부착되어 고착 생활을 하는 폴립형 구조로 사는데, 히드라는 폴립형 생물입니다. 그래서 히드라는 말미잘처럼 수생식물이나 돌에 부착해 살아가죠. 폴립형 자포동물은 대부분 한곳에 붙어 살아가지만, 위험에 처하면 부착했던 곳에서 떨어져 이동하기도 합니다.

그리고 자포동물의 가장 큰 특징은 자포라는 특이한 세포를 가진다는 점입니다. 자포동물의 자포에서는 침 같은 실이 발사되어 먹이를 사냥하거나 몸을 보호하는 기능을 합니다. 자포는 생소하게 들리지만 사실 우리도 잘 아는 부위입니다. 여름철이면 바닷가에서 해파리에 쏘인 관광객에 대한 뉴스가 자주 나오죠? 해파리나 말미잘도 자포동물에 속해 모두 자포를 지니는데, 우리가 해파리에 쏘였다고 하는 것이 바로 이 자포에 쏘이는 것이죠.

③ (왼쪽) 폴립형 구조 (오른쪽) 해파리형 구조. 히드라는 폴립형 생물로 수생식물 등에 부착해 산다.

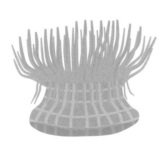

폴립형 구조   해파리형 구조

무시무시한 히드라의 사냥

자포동물의 자포에는 독이 들어 있는 종도 꽤 많은데, 히드라 촉수의 자포에도 마비성 독이 들어 있습니다. 그래서 히드라는 촉수로 먹이를 잡으며 자포에서 침을 발사해 먹이를 마비시킨 다음, 촉수 중간에 위치하는 입으로 먹이를 삼켜 버리는 방식으로 먹잇감을 사냥합니다.

입으로 들어온 먹이를 몸통 내부의 주머니형 소화기관인 위수강이라는 공간에서 소화한 후 위수강 벽을 통해 곧바로 영양분을

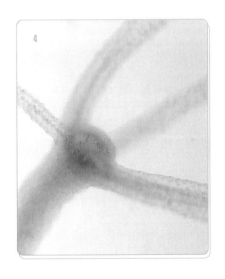

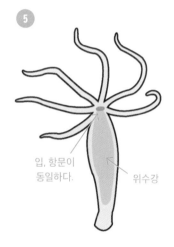

④ 히드라는 촉수 부위에 자포들이 있다.

⑤ 입으로 들어온 먹이를 위수강에서 소화한 후, 바로 위수강 벽을 통해 영양분을 흡수한다.
남은 찌꺼기는 다시 입으로 배출한다.

흡수합니다. 위수강은 자포동물의 단순한 형태의 주머니형 소화기관을 말하는데, 위수강을 지니는 생물은 음식물이 들어가는 곳과 소화되어 나오는 곳이 같습니다. 그래서 히드라는 먹이를 먹고 남은 찌꺼기를 다시 입으로 배출하죠. 히드라는 입과 항문이 동일합니다.

담수에 사는 히드라의 수된 먹이는 붉벼룩입니다. 히드라에게 물벼룩을 넣어 주니, 물벼룩을 자포로 마비시켜서 잡아먹는 모습을 볼 수 있었습니다. 히드라가 물벼룩을 위수강에 넣고 소화효소를 분비해 서서히 소화시키는 모습도 관찰할 수 있었죠. 사진을 보면 물벼룩이 히드라의 위수강 내부에서 액체가 되어 버린 모습을 볼 수 있습니다. 신기하죠?

⑥ 히드라의 주된 먹이는 물벼룩이다.

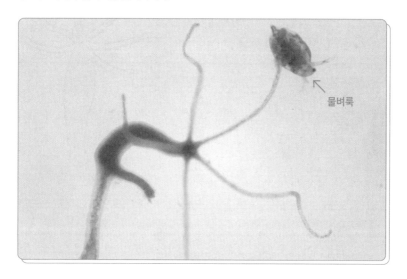

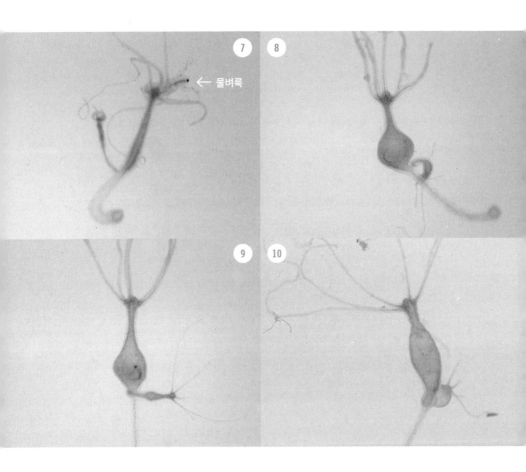

⑦ 히드라가 자포로 물벼룩을 마비시킨 모습.

⑧ 히드라가 물벼룩을 한번에 삼켜 위수강이 부풀어 올랐다.

⑨ 물벼룩을 위수강에 넣고 소화효소를 분비해 서서히 소화시킨다.

⑩ 물벼룩이 히드라의 위수강 안에서 액체가 되었다.

몸에서 새로운 개체가 싹트는 히드라

히드라는 생식 방법도 굉장히 독특한 생물입니다. 히드라는 몸에서 새로운 개체가 싹처럼 돋아나는 출아법이라는 방법으로 번식합니다.[1]

번식 중인 히드라를 관찰해 보면 몸통 부분에서 돋아난 작은 돌기가 시간이 지나며 서서히 히드라의 형태로 변하는 것을 볼 수 있습니다. 몸통에서 돋아난 부위가 새로운 히드라 개체로 발달하여 몸에서 떨어지는 거죠.

이렇게 히드라는 2~3일마다 출아법으로 새로운 개체를 만들어 냅니다. 거기다 한 번에 두세 마리를 만들기 때문에 히드라는 번식력이 굉장히 강한 생물이죠. 그래서 히드라를 어항에서 키우게 된다면, 개체수가 빠르게 늘어나는 것을 볼 수 있을 겁니다.

그런데 히드라는 출아법을 이용한 무성생식뿐만 아니라 유성생식도 하는 생물입니다. 히드라는 봄에서 가을 동안은 출아법으로 무성생식을 하며 빠르게 번식하다가 날씨가 추워지면 유성생식을 해 알을 만들어 겨울을 견디는 특이한 생물이죠!

----

1 출아법을 이루는 한자를 살펴볼까요? '나갈 출(出)' '싹 아(芽)' '법 법(法)'으로 싹을 틔워 내보내듯 세포의 일부분을 떨어져 나가게 하는 번식 방법을 말합니다.

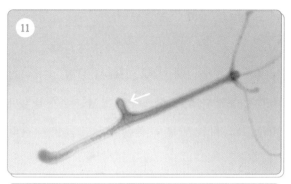

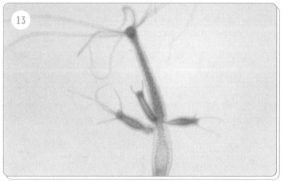

⑪ 히드라는 출아법을 통해 번식한다. 몸에 작게 돋아난 것이 새로운 개체의 히드라가 된다.

⑫ 돋아난 개체에서 촉수도 나오고 점점 히드라의 형태가 되었다가, 마침내 떨어져 나가 새 개체가 된다.

⑬ 히드라는 2~3일마다 출아법으로 새 개체를 만드는데, 동시에 두세 마리를 만들기 때문에 금방 여러 개체로 번식한다.

히드라의 엄청난 재생력

히드라의 재생능력은 엄청납니다. 다음 장에서 살필 플라나리아도 재생능력이 좋기로 유명한데요, 히드라의 재생능력은 플라나리아와 비견할 만하죠. 히드라를 반으로 잘라서 잘린 조각을 관찰

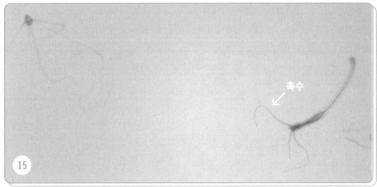

⑭ 히드라를 두 동강으로 자르면 어떤 일이 벌어질까?

⑮ 히드라의 몸 아랫부분에서는 하루 만에 촉수가 생겼다.

해 보니, 잘린 히드라의 아랫부분에서는 하루 만에 촉수가 생겼어요. 나머지 윗부분도 서서히 회복해서 완전한 개체로 재생했죠. 이렇게 빠르게 재생할 수 있는 이유는 히드라의 몸이 단순한 형태이고, 몸 구성 세포 중 여러 종류의 세포로 분화할 수 있는 미분화세포인 '줄기세포'의 비율이 굉장히 높기 때문이라고 합니다.

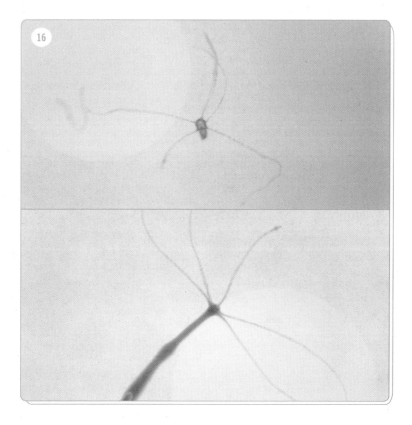

⑯ 히드라의 몸 윗부분은 서서히 회복해 완전한 개체로 재생했다. 몸 구성 세포 중 줄기세포의 비율이 높기 때문에 빠르게 재생할 수 있는 것이다.

선생님, 히드라는
흔히 볼 수 있는
생물이군요.

네, 맞아요. 우리나라의
담수에서 흔히 볼 수 있고,
바다에 사는 히드라 종도
많답니다.

그렇군요! 봄에서 가을 동안은
출아법으로 무성생식을 하고,
날씨가 추워지면 유성생식을
하는 것도 신기해요.
어째서 그런 거죠?

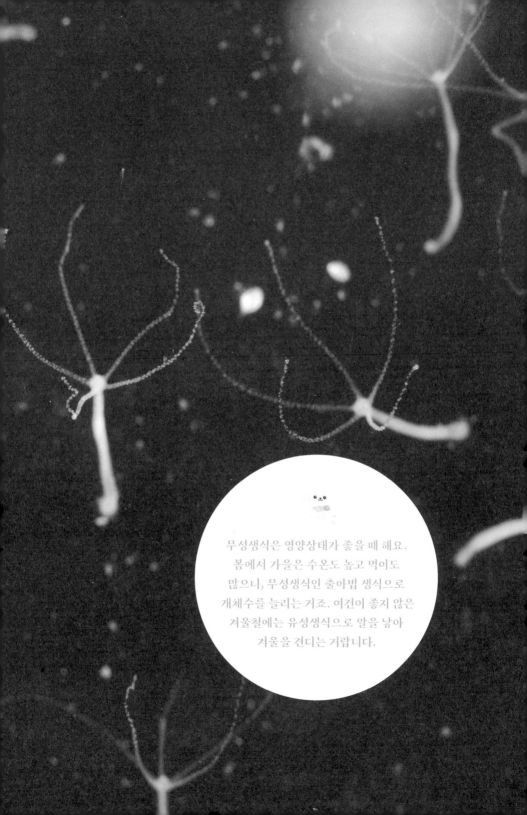

무성생식은 영양상태가 좋을 때 해요.
봄에서 가을은 수온도 높고 먹이도
많으니, 무성생식인 출아법 생식으로
개체수를 늘리는 거죠. 여건이 좋지 않은
겨울철에는 유성생식으로 알을 낳아
겨울을 건디는 거랍니다.

플라나리아를 자르면
어떻게 될까요?

당연히 죽겠죠?

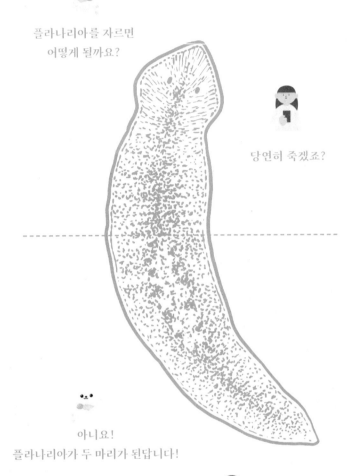

아니요!
플라나리아가 두 마리가 된답니다!

네?! 정말요?!

06 | 플라나리아

자를수록 많아지는
플라나리아의 비밀

이번 장에서는 플라나리아에 대해 알아보겠습니다. 플라나리아는 깨끗한 강이나 개울에서 살아가는 몸길이 1~3센티미터 정도의 작은 생물입니다. 플라나리아는 몸이 납작한 것이 특징인 편형동물문에 속하는 생물이죠. 플라나리아는 물속에서 몸 근육을 수축, 이완하여 헤엄치기도 하고, 복부의 섬모를 이용해 바닥을 기어 다니며 살아갑니다.

빛을 싫어하는 플라나리아

플라나리아의 몸을 자세히 관찰해 보면, 먼저 머리 쪽에 눈처럼 생긴 기관이 있습니다. 이는 무척추동물의 시각기관인 안점입니다. ('바다 생물' 편에서 군부의 각판 표면에 안점이 수백 개 있는 모습을 살핀 적이 있죠.) 플라나리아는 안점 두 개를 지니는데, 안점은 물체의 형태나 색깔은 구별하지 못하고 명암이나 빛의 방향을 감지하는 역할을 합니다.

특히 플라나리아는 빛을 싫어하는 특성인 음성 주광성을 지녀 안점으로 빛을 감지하면 빛을 피하는 방향으로 움직입니다. 그래서 플라나리아는 빛을 피해 어두운 곳에 숨는 경우가 많기 때문에 깨끗한 하천 바닥의 돌 밑에서 자주 발견되죠. 임의로 그늘을 만든 후 빛을 비춰 실험해 보면 플라나리아가 그늘 아래 어두운 쪽으로 이동하는 것도 관찰할 수 있습니다.[1]

플라나라아는 머리 주변에 더듬이(촉각) 한 쌍이 있습니다. 플라나리아의 더듬이는 화학물질을 감지하는 역할을 하기 때문에 플라나리아는 더듬이로 먹이를 찾아냅니다.

플라나리아는 작은 곤충이나 죽은 동물 등을 먹으며 살아가는데 계란 노른자도 참 좋아합니다. 플라나리아가 먹이를 먹는 모습을 보기 위해 수조에 잘 삶아진 노른자를 두면 수조 속 플라나리아

---

1 빛으로 향하는 성질을 양성 주광성(陽性 走光性), 빛을 피하는 성질을 음성 주광성(陰性 走光性)이라고 해요. 양성 주광성을 지닌 생물은 나방, 모기, 매미, 오징어, 고등어가 대표적입니다. 이 성질을 이용해 빛을 비춰 오징어 등을 유인하는 어업 방식도 있고 곤충을 채집할 때 빛을 활용하기도 하죠. 재미있는 사실은 모기는 양성 주광성이지만 어두울 때 갑자기 불을 켜면 눈이 잠깐 먼다고 하네요. 모기 잡을 때 이 원리를 활용한다면 좋겠죠? 반대로 음성 주광성을 지닌 생물은 바퀴벌레가 대표적입니다. 혹시 바퀴벌레가 귓속에 들어갔을 때 빛을 비춰 빼내려고 한다면 더 깊숙이 들어갈 수 있으니 조심해야 해요.

① 플라나리아는 빛을 싫어하는 음성 주광성 특성이 있어서, 그늘을 만들어 두면 어두운 곳으로 이동하는 모습을 볼 수 있다. 머리 위 안점 두 개로 빛을 감지하고, 더듬이 두 개로 먹이를 찾아낸다.

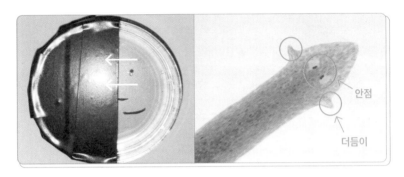

가 더듬이로 노른자의 위치를 감지하고 빠르게 모여 들어 먹는 것을 관찰할 수 있죠.

이상한 곳에 있는 플라나리아의 입

플라나리아가 먹이를 먹는 모습은 꽤 특이합니다. 플라나리아의 입은 머리가 아닌 배에 있죠. 먹이를 먹을 때 배 부위에서 인두가 몸 밖으로 나옵니다.[2] 플라나리아는 인두를 몸 밖으로 꺼내어 음식을 섭취한 후 배 쪽으로 먹이가 들어와 온몸으로 퍼지게 되죠.

....

2 '목구멍 인(咽)' '머리 두(頭)'로 이뤄진 단어 인두는 입과 식도 사이에 있는 소화기관으로 음식물이 통과하는 통로 부분을 말합니다.

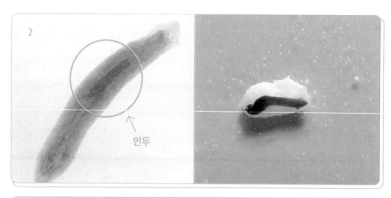

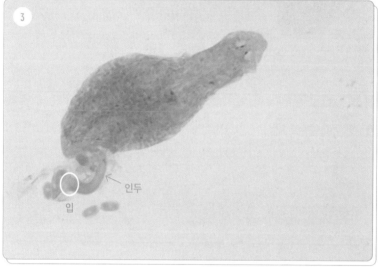

② (왼쪽) 플라나리아의 입은 배에 있다. 음식물이 배 쪽으로 들어와서 인두를 지나 온몸으로 퍼진다. (오른쪽) 삶은 노른자를 맛있게 먹는 모습.

③ 물벼룩의 알을 잡아먹는 플라나리아의 모습. 인두가 몸 밖으로 나와 물벼룩의 알을 먹고 있다.

플라나리아는 이전 장에서 살핀 히드라처럼 위수강을 지녀서 입과 항문이 별도로 나뉘어 있지 않습니다. 그래서 히드라처럼 입으로 섭취한 먹이를 위수강에서 소화한 후 다시 입을 통해 밖으로 배출합니다.

납작한 몸의 장점은?

플라나리아는 불완전하더라도 소화계를 가지고 있지만, 특이하게도 호흡계와 순환계는 거의 발달하지 않았습니다. 아가미와 같은 호흡기관도 지니지 않고, 몸 구석구석으로 산소와 영양분을 옮겨 주는 혈액과 혈관 또한 없죠. 플라나리아는 호흡하는 기관과 온몸으로 산소와 영양분을 옮기는 순환계 없이 어떻게 살아가는 걸까요?

이런 플라나리아의 특이한 특성은 편형동물의 납작한 몸과 관련이 있습니다. 플라나리아와 달리 납작한 몸을 지니지 않은 동물 대부분은 몸의 세포가 여러 겹으로 쌓여서 이루어져 있습니다. 그래서 이런 동물의 몸은 내부의 세포들이 다른 세포들에 둘러싸여 외부 환경과 접촉할 수 없는 구조로 이루어져 있죠. 즉, 두꺼운 몸을 지닌 동물의 내부 세포들은 외부와 직접적으로 접촉하지 못해 스스로 외부 산소나 영양분을 흡수할 수 없습니다. 그래서 이런 동물은 내부 세포에 산소와 영양분 등을 운반해 줄 호흡계와 순환계가 반드시 필요한 겁니다.

하지만 몸이 납작한 플라나리아는 몸의 거의 모든 세포가 외부 환경에 노출되어 있죠. 이 덕분에 호흡계와 순환계 등이 발달하지 않아도 각각의 세포들이 외부와 직접 물질교환을 하며 살아갈 수 있는 것입니다. 몸이 납작해서 좋은 점도 있다니 참 재미있죠?

플라나리아의 놀라운 재생능력

플라나리아의 가장 놀라운 점은 바로 엄청난 재생능력입니다. 플라나리아의 재생능력을 보기 위해 판(슬라이드글라스)으로 옮긴 후 3등분으로 잘라 보았습니다. 3등분으로 잘린 플라나리아 조각들을 다시 물에 넣어 주면 어떤 일이 발생할까요? 놀랍게도 잘린 몸 조각들이 활발하게 움직이는 모습을 볼 수 있습니다. 특히 머리

④ 플라나리아를 3등분으로 자르면 어떻게 될까? 잘린 플라나리아는 머리 부분이 가장 활발하게 움직이고, 다른 부위는 시간이 지나며 활동량이 늘어난다.

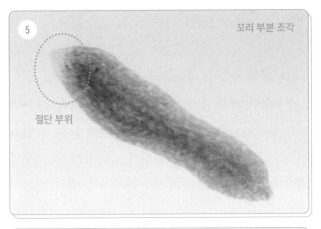

5   꼬리 부분 조각

절단 부위

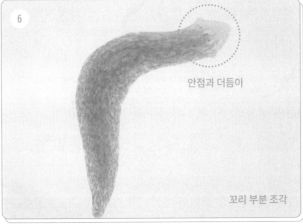

6

안점과 더듬이

꼬리 부분 조각

⑤ 잘린 지 4일이 지나니, 절단 부위의 투명한 부분이 넓어졌다.

⑥ 잘린 지 6일이 지나 머리가 없었던 곳에서 안점이 생기며 더듬이가 나고, 꼬리가 없었던
곳에서 꼬리가 생겼다.

부분이 가장 활발했고, 다른 부분도 움직이고 있는 걸 볼 수 있었습니다.

실체현미경을 이용해 매일 변화를 관찰해 보았더니, 잘린 지 이틀째부터 다른 부위들의 활동량도 점점 늘어났으며, 4일이 지나면서는 절단 부위의 투명한 부분이 조금씩 넓어지는 것을 볼 수 있었습니다. 그리고 6일이 지나니 너무나 놀랍게도 머리가 없는 곳에서는 안점이 생기며 더듬이가 나오고, 꼬리가 없는 부분은 꼬리가 생성되었죠. 중간 조각에서는 머리와 꼬리가 모두 형성되었답니다! 7일이 지나니 플라나리아 세 마리가 자유롭게 헤엄치고 있었습니다.

⑦ 잘린 지 7일이 되었을 때, 플라나리아 세 마리가 헤엄치는 것을 볼 수 있었다.

플라나리아는 절단된 부위에서 투명한 조직이 형성되어 재생이 일어납니다. 시간이 지나며 절단 부위의 색상이 진해지고 유전적으로 완전히 동일한 세 마리 개체로 재생되는 거죠. 플라나리아를 1/279의 크기로 조각 내도 2주 만에 완전한 개체로 재생했다는 연구 결과도 있습니다.

이런 엄청난 몸의 재생이 가능한 이유는 플라나리아의 몸 세포 중 30퍼센트가 신성세포라 불리는 미분화세포(성체 줄기세포)로 이루어져 있기 때문입니다.

플라나리아는 손상 부위에서 신성세포로 이루어진 투명한 세포층이 형성되며 재생되는데, 이 신성세포는 어떤 세포로든 분화가 가능하기 때문에 상처 부위가 어디든 그에 맞는 세포로 분화해 증식할 수 있어서 완전히 회복할 수 있는 겁니다.

플라나리아는 이런 재생능력을 이용해서 스스로 꼬리 끝을 잘라 두 마리가 되는 무성생식을 하기도 하는데, 플라나리아는 자웅동체로 암컷과 수컷 생식소도 모두 지니고 있어서 짝짓기를 통한 유성생식도 하기 때문에 무성생식과 유성생식을 둘 다 하는 생물이죠. 플라나리아의 재생능력, 번식력이 정말 대단하죠?

그런데 많은 사람들이 플라나리아나 히드라, 불가사리 등 재생능력이 뛰어난 생물들을 보면 신기해하는데, 사실 잘린 팔다리를 회복하는 정도의 재생능력을 가진 생물들은 굉장히 많습니다. 갑각류가 탈피할 때 잘린 몸이 복원되는 사례도 있고, 도마뱀은 꼬리가 절단된 후 재생이 되고, 지렁이도 몸 일부가 잘렸을 때 나머지 부분이 재생되죠.

오히려 사람이 속한 포유류의 재생능력이 이상할 정도로 떨어지는 편입니다. 우리는 주로 사람의 능력에 빗대어 타 생물을 평가하죠. 하지만 어떤 생물을 바라볼 때 사람 기준이 아닌 각 생물의 고유한 특성을 중심으로 살핀다면, 해당 생물에 대한 이해가 더욱 깊어질 수 있답니다.

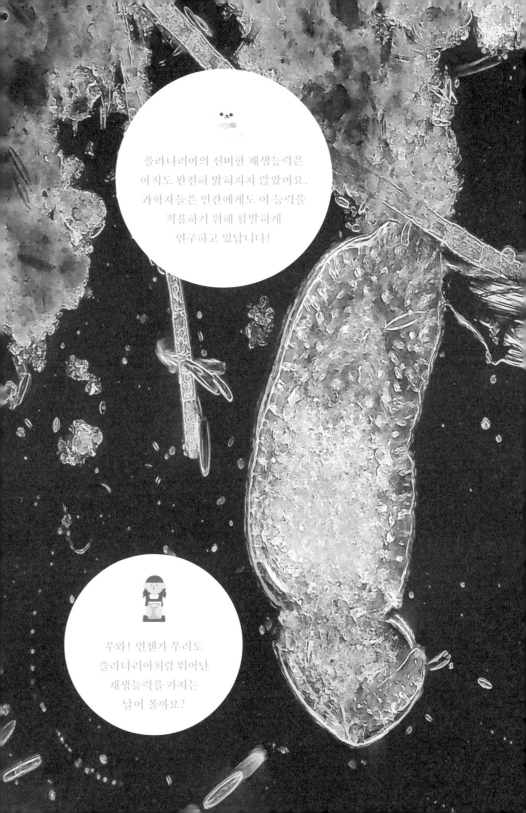

우리나라 논에
살아 있는 화석이 살고 있답니다.

살아 있는 화석이요?

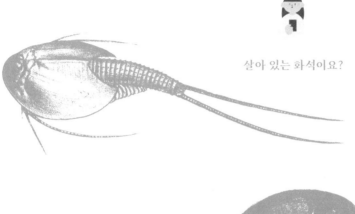

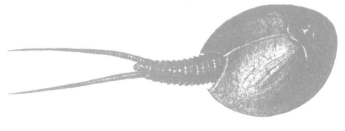

눈이 무려 세 개가 있는
'투구새우'라는 생물이죠!

눈이 세 개 달린 투구······새우요?

07 | 투구새우

살아 있는 화석, 투구새우

이번 장에서는 살아 있는 화석이라 불리는 투구새우에 대해 알아보겠습니다. 투구새우는 머리와 가슴 부분이 갑각으로 둘러싸여 있고 긴 꼬리를 지녀서 투구게를 닮은 듯한 신비한 모습입니다. 투구새우는 도대체 어떤 생물일까요?

투구새우는 절지동물 중 갑각류, 그중에서도 소형 갑각류에 속하는 생물인 물벼룩과 같은 새각류에 속하는 생물입니다. 그래서 투구새우는 유생 때 갑각류의 공통적 형태인 노플리우스 유생 형태를 띠고, 유생에서 성체로 변하는 과정에서 계속해서 탈피를 하며 성장합니다. 노플리우스는 새우, 게, 따개비 등과 같은 갑각류의 발생 초기에 나타나는 유생 형태를 말합니다. 갑각류 유생의 모습은 '바다 생물' 편 조개삿갓 장에서 만각류 유생과 비슷한 것을 확인했죠. 탈피를 하며 성장하는 것은 절지동물의 공통된 특성입니다.

① 투구새우의 화석. 약 3억 년 전 고생대 지층 및 약 2억 년 전 중생대 트라이아스기 암석에서 화석이 발견되었고, 현재 모습과 큰 차이가 없어 살아 있는 화석이라 불린다.

② 갑각류의 발생 초기에 나타나는 노플리우스 유생 형태. 투구새우의 유생도 노플리우스 유생 형태를 띤다.

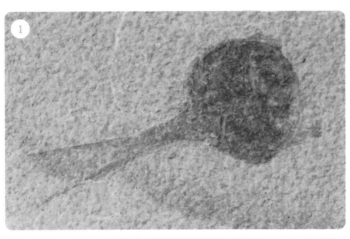

③ 투구새우는 다른 갑각류처럼 탈피를 거치며 성장하므로 탈피각이 종종 발견된다.

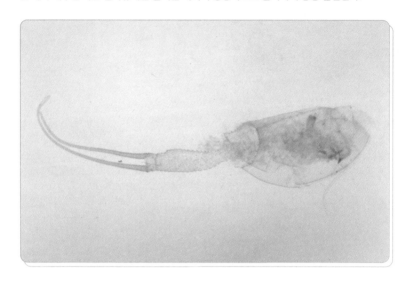

　　이러한 투구새우는 발견하기 굉장히 어려운 생물처럼 보이지만, 사실 우리나라의 논이나, 얕은 호수 바닥에서 꽤 쉽게 볼 수 있는 생물입니다. 우리나라의 투구새우는 긴꼬리투구새우라는 종인데, 한때 농약을 과도히 사용해 2005년 멸종위기종(멸종위기 야생생물 Ⅱ급)으로 지정되었습니다. 현재는 다행히 농약 사용이 줄고 오히려 긴꼬리투구새우를 친환경농법에 활용하며 개체수가 증가했답니다.[1] 2012년에는 멸종위기종에서도 해제되었죠.

1　친환경농법은 자연 그대로의 요소를 살려 농사 짓는 방식으로, 투구새우농법 외에도 오리농법, 우렁이농법, 유황농법, 참게농법 등이 있답니다.

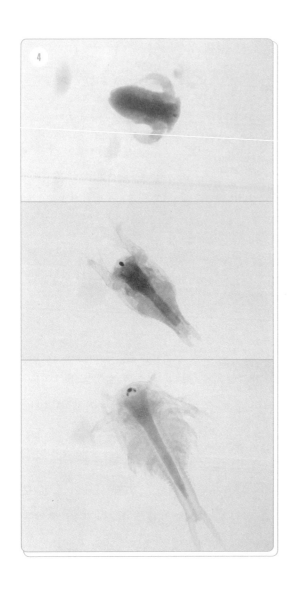

④ 현미경으로 확대한 투구새우의 유생.
　몇 시간 후면 서서히 꼬리가 생기고, 하루가 지나면 성체와 꽤 가까운 모습을 갖춘다.

⑤ 녹조류로 된 유생용 먹이를 주며 키워 보면, 일주일이 지나 투구새우에 선명한 갑각이 생긴 것을 볼 수 있다.

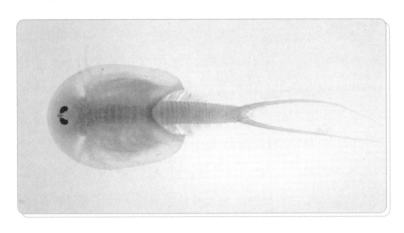

투구새우는 땅을 헤집는 습성이 있어서 바닥의 유기물을 순환시키는 기능을 해 수중생태계를 유지하는 데 도움이 되기도 하고, 잡식성으로 해충도 잡아먹기 때문에 친환경농법에 활용되는 등 유익한 생물로 여겨지고 있습니다. 특히 모기 유충인 장구벌레도 많이 잡아먹기 때문에 사람에게는 고마운 생물이죠.

투구새우는 어쩌면 논에서 한 번쯤 봤지만, 헤엄치는 모습이 올챙이와 닮아서 올챙이로 생각하고 무심히 지나쳤을 수도 있습니다. 다음에 논에 간다면 자세히 한번 관찰해 보세요.

눈이 세 개인 투구새우

투구새우가 살아 있는 화석이라 불리는 이유는 중생대(트라이아스기) 화석으로 발견되는 투구새우의 형태와 현재 모습에 별 차이가 없기 때문입니다. 내부 기관이나 분자적 수준에서 변화가 하나도 없었던 것은 아니지만, 외형은 오랜 기간 동안 현재의 모습을 유지한 생물이기에 살아 있는 화석이라 불리게 된 거죠. 그럼 지금부터 투구새우의 모습을 자세히 관찰해 보겠습니다.

먼저 투구새우속 생물은 외국에서는 트리옵스라 불리는데, 이는 눈이 세 개라는 뜻이에요. 투구새우 머리 부분을 보면 눈이 세 개가 달린 것을 볼 수 있습니다. 정확히 말하면 겹눈 두 개 위에 안점 하나가 있는 형태인데, 안점은 시각의 기능보다는 빛을 감지하는 역할을 하는 기관입니다.

투구새우의 머리와 가슴 부분은 갑각으로 덮여 있고, 갑각 내부에는 삼투압을 조절하는 역할을 하는 상악샘도 관찰됩니다. 그리고 투구새우의 아랫면을 보면 먹이를 잘게 부수는 턱과 수많은 다리를 볼 수 있습니다. 그중 첫 번째 다리는 세 개로 갈라져서 더듬이와 같은 역할을 하고, 꼬리 끝에는 부속지(미각) 한 쌍이 길게 갈라져 있습니다.

꼬리 중간 부분에는 투구새우의 항문이 있습니다. 항문 부분을 관찰하다 보면 투구새우의 똥이 배출되는 모습도 볼 수 있죠. 신기하죠?

⑥ 투구새우는 트리옵스라고도 불린다. '눈이 세 개인' 생물이라는 의미로 붙여진 이름이다. 겹눈 두 개 위에 안점 하나가 있다. 안점은 빛을 감지하는 역할을 한다.

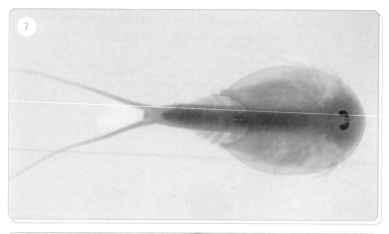

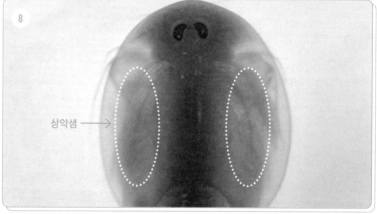

상악샘 →

⑦ 유생 때의 투명했던 갑각이 점점 진해지며 성체가 되는 모습을 볼 수 있다.

⑧ 갑각 내부의 상악샘을 자세히 보자. 투구새우의 삼투압을 조절하는 역할을 한다.

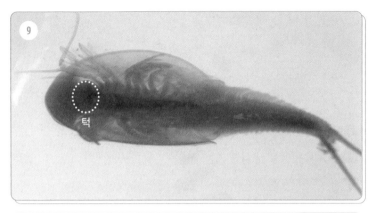

턱

항문, 똥 →

⑨ 뒤집어서 배 부분을 보면, 먹이를 잘게 부수는 턱이 있고 아래에는 수많은 다리가 있다.
그중 첫 번째 다리는 세 개로 갈라져 더듬이와 같은 역할을 하고, 꼬리 끝은 부속지 한 쌍
이 길게 갈라져 있다.

⑩ 투구새우가 똥을 배출하는 모습. 이곳이 항문이다.

투구새우가 낳는 특별한 알, 휴면알

투구새우는 태어난 지 15일 정도가 지나면 열한 번째 다리가 변형되며 갑각의 아랫부분에 알주머니가 생성됩니다. 알주머니 내부에서 알이 생겨나는데, 투구새우는 유성생식도 하지만 혼자서 알을 만들어 내는 단위생식도 할 수 있기 때문에 한 개체만 있어도 번식을 할 수 있는 신기한 생물이죠. [2]

투구새우는 알을 낳을 때가 다가오면 땅을 깊게 파기 시작합니다. 이는 모래 내부에 알을 낳는 투구새우의 습성 때문입니다. 그런데 자연에서 투구새우가 서식하는 환경은 논이나 물웅덩이 등으로 가뭄이나 추위 등 급격한 환경 변화에 직접적으로 노출되는 곳입니다. 서식하던 장소의 물이 전부 마르거나 얼어 버릴 수 있는 위험한 환경이죠. 그래서 투구새우는 이러한 환경 변화를 견디기 위해 굉장히 특이한 알을 만들어 내죠. 바로 휴면알입니다.

휴면알은 추운 겨울이나 가뭄이 지나가고 적절한 환경이 돌아올 때까지 발생[3]을 멈추고 휴면 상태를 유지하는 식물의 씨앗과 같은 특성을 가지는 알입니다. 그래서 적절한 온도(22~30도), 빛, 물이 감지될 때까지 발생을 멈추고 기다리다가 좋은 환경이 형성되면 발생을 다시 시작해 유생이 태어나죠.

....

2 단위생식은 '홀 단(單)' '한 위(位)' '날 생(生)' '번성할 식(殖)'으로 이루어진 한자어예요. 즉, 홀로 새로운 개체를 만드는 생식 방법을 말하는 것으로 진딧물과 같은 무척추동물뿐만 아니라 일부 어류, 양서류, 파충류도 이 방법으로 생식한답니다.

⑪ 투구새우는 태어난 지 15일 정도가 지나면 갑각 아래에 알주머니가 생겨난다. 자세히 보면 알이 있는 것을 볼 수 있다.

⑫ 모래 내부에 알을 낳기 위해 땅을 깊게 파는 모습.

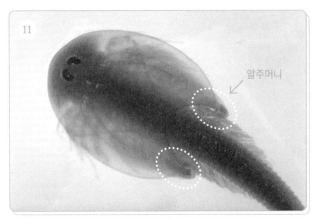

알주머니

3 여기서 말하는 발생은 '필 발(發)' '날 생(生)'으로 "어떤 일이나 사물이 생겨난다"라는 의미의 발생과 한자가 같아요. 생명과학에서 '발생'은 세포의 증식, 분화, 형태 형성 등에 의해 어떤 생물이 단순한 알(수정란) 상태에서 복잡한 개체가 되는 일을 말합니다.

투구새우의 휴면알. 휴면알은 적절한 환경이 형성될 때까지 발생을 멈추고 휴면 상태를
유지하는 식물의 씨앗과 같은 특성을 지니는 동물의 알을 말한다. 건조와 추위, 열에 대한
내성이 매우 강해, 무려 20년 이상 휴면 상태를 유지할 수 있다.

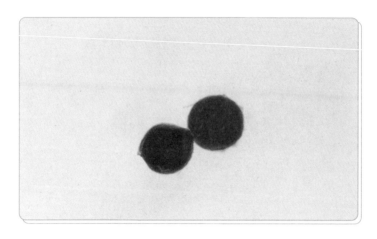

투구새우의 휴면알은 건조와 추위, 열에 대한 내성이 아주 강하
며 무려 20년 이상 휴면 상태를 유지할 수도 있다고 합니다. 이런
투구새우의 훌륭한 생존 전략 덕분에 중생대부터 지금까지 끈질기
게 살아남을 수 있었나 봅니다.

그래서 사람들은 이 휴면알의 특성을 이용해 건조시킨 투구새
우의 알을 사육 세트로 만들어 판매하기도 합니다. 인터넷에 있는
'트리옵스 키우기'라 불리는 사육 세트는 바로 투구새우의 이 휴면
알을 이용한 것이죠.

휴면알이 궁금하면 투구새우 사육 세트를 구입해 키우며, 휴면
알의 특별함을 직접 느껴 보는 것도 좋겠죠. 물만 넣으면 투구새우
가 탄생하는 모습에 생명의 신비를 몸소 느낄 수 있답니다.

선생님, 투구새우 말고도
휴면알을 만드는 생물이
또 있나요?

씨몽키라 불리는 풍년새우와 물벼룩도
휴면알을 만들어 냅니다. 우리가 종종 접하는
'씨몽키 사육 키트'도 바로 이 휴면알을
이용한 거죠. 씨몽키, 물벼룩, 투구새우 모두
새각류에 속하는 생물이라는
공통점이 있어요.

거머리가 어떤 생물인지 아나요?

피를 빨아 먹는 무시무시한 생물이요!

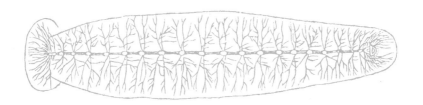

그런데 거머리에게 물린 부위에는
특이한 무늬가 나타난다는 사실도 알고 있나요?

무늬요? 어떤 무늬인가요?

08 | 거머리

거머리에게 물린 부위에서 나타나는
특이한 무늬

우리는 흔히 끈질기게 달라붙어서 남을 착취하거나 괴롭히는 사람에게 '거머리 같다'는 표현을 쓰곤 합니다. 이는 숙주의 몸에 찰싹 붙어 피를 빨아 먹고 살아가는 실제 거머리의 습성에서 비롯된 말이죠. 이번 장에서는 숙주의 피를 빠는 무서운 습성을 지닌 생물, 거머리에 대해 알아보겠습니다.

그런데 좋지 않은 의미로 거머리를 비유하는 것과는 반대로 아주 오래전부터 거머리는 여러 질병을 치료하는 데 활용되어 왔습니다. 거머리의 흡혈 습성은 혈액순환과 염증 억제 등의 효과가 있어서 2500년 전인 고대이집트 시절에서부터 의료용으로 활용된 기록이 남아 있죠.

물론 아무 거머리나 의료용으로 사용해서는 안 됩니다. 자연의 거머리에는 세균, 기생충 등의 감염 위험이 있기 때문에 치료에는 잘 관리된 의료용 거머리를 활용해야 하죠. 인터넷에는 관리된 환경에서 키운 의료용 거머리가 수입 판매되고 있어서 어렵지 않게 구할 수 있습니다.

지금부터 살펴볼 거머리는 미국 식품의약국(FDA)에서 의료 목적으로 사용 허가된 히루도 메디키날리스라는 거머리 종입니다. 이 거머리는 몸 색이 녹색과 갈색을 띠며 최대 20센티미터까지도 자라는 꽤 큰 거머리죠.

거머리는 종에 따라 먹이를 먹는 방식이나 입의 형태 등이 다양한데, 여기서는 의료용 거머리인 히루도 메디키날리스를 기준으로 거머리의 특성에 대해 알아보겠습니다.

① 의료용으로 판매되는 거머리인 히루도 메디키날리스. 거머리의 흡혈 습성은 혈액순환과 염증 억제 등의 효과가 있다.

거머리는 어떤 생물일까?

거머리는 어떤 생물일까요? 거머리는 편형동물인 플라나리아나 연체동물인 민달팽이 등과 비슷한 생물이라 오해받습니다. 하지만 거머리는 의외로 지렁이와 가까운 생물이죠. 거머리는 지렁이, 갯지렁이와 함께 환형동물문에 속합니다. 환형동물문 생물은 고리 모양의 체절로 몸이 나뉜 것이 특징이기 때문에, 거머리의 몸을 자세히 보면 고리 모양의 체절을 관찰할 수 있죠.

다른 환형동물과 구분되는 거머리의 특징은 머리와 꼬리 부분에 흡반, 즉 빨판을 지닌다는 것입니다. 거머리 중에는 뒷부분에만 흡반이 있는 종도 있지만, 거머리 대부분은 앞뒤로 흡반 두 개를 지닙니다. 크고 둥근 흡반 부분이 거머리의 꼬리 부분이고 반대편의 좁은 부분이 입이 있는 머리 쪽이죠.

② 거머리의 몸은 고리 모양의 체절로 나뉘어 있다. 이는 지렁이 등이 속한 환형동물문 생물의 주요한 특징이다.

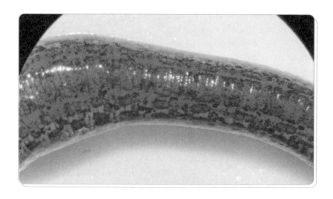

③ 다른 환형동물인 지렁이, 갯지렁이 등과 구분되는 거머리의 특징은 머리와 꼬리 부분에 흡반이 있다는 것이다. 이렇게 앞뒤 빨판 두 개로 벽면에 붙어 있는 것을 볼 수 있다.

④ 거머리의 머리 부분(왼쪽)과 꼬리 부분(오른쪽)의 흡반. 좁은 흡반 부분이 입이 있는 머리 쪽이고, 크고 둥근 흡반 부분이 꼬리 부분이다.

그리고 놀랍세노 거머리는 머리 윗부분에 여러 눈을 지녔습니다. 눈의 개수는 거머리 종에 따라 두 개에서 열 개로 조금씩 다른데, 히루도 메디키날리스는 눈이 열 개가 있습니다. 거머리 눈은 시력이 섬세하지는 않고 빛을 감지하는 정도의 역할만 하죠. 그래서 거머리는 시력보다는 주로 혈액이나 포도당, 온도 등을 감지해 먹잇감을 찾아낸답니다.

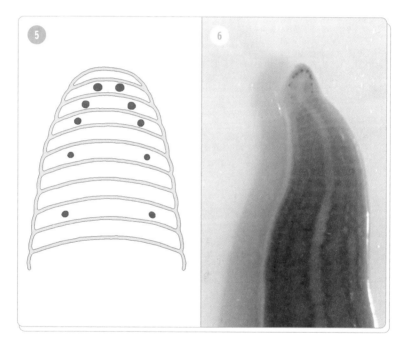

⑤ 놀랍게도 거머리는 머리 윗부분에 눈 다섯 쌍을 지닌다. 거머리의 눈은 섬세한 시력을 지니기보다 빛을 감지하는 정도의 역할만 한다.

⑥ 우리나라 논에서 발견되는 갈색 말거머리 윗부분을 살피면, 검은 점의 눈 다섯 쌍을 볼 수 있다. (의료용 거머리는 몸 색이 짙어 눈이 잘 보이지 않는다.)

이 의료용 거머리, 히루도 메디키날리스는 주로 진흙이 많은 물웅덩이에서 살아가는 종으로 물속에서 꽤 빠르게 헤엄칠 수 있습니다. 미꾸라지처럼 보이기도 할 정도로 자유롭게 헤엄칠 수 있죠. 헤엄칠 때는 꼬리 부분의 흡반을 넓게 펼쳐서 지느러미처럼 만들어 헤엄칩니다.

그런데 거머리는 물속뿐만 아니라 육지에서도 살아갈 수 있습니다. 육지에서는 물속보다는 느리지만 앞뒤 흡반을 하나씩 붙였다가 떼어 내며 몸을 늘이고 줄이는 방식으로 이동할 수 있습니다.

또 거머리는 피부를 통해 직접 기체교환을 하는 피부호흡을 하기 때문에 점액을 분비하여 피부를 촉촉하게 유지하면 육지에서도 호흡할 수 있습니다. 그래서 거머리는 너무 건조하지만 않다면 습기가 있는 육지에서도 잘 살아갈 수 있죠.

거머리에 물린 곳에 나타난 특이한 무늬

수조에 붙어 있는 거머리를 자세히 보면 머리 부분 흡반에 Y 자 무늬가 있는 것을 볼 수 있습니다. 이 부분은 거머리의 턱으로 거머리가 피를 빨기 위해 먹잇감에 상처를 내는 부분입니다. 현미경으로 확대해 보면, 거머리 입 내부에 날카로운 턱 세 개가 Y 자 형태로 배열되어 있는 것을 볼 수 있죠.

거머리의 턱에는 각각 작은 이빨 100여 개가 톱처럼 배열되어 있어서, 거머리는 흡반으로 먹잇감의 몸에 부착해 턱과 이빨로 피

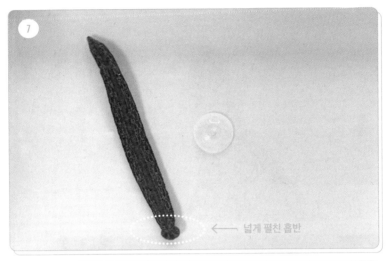

← 넓게 펼친 흡반

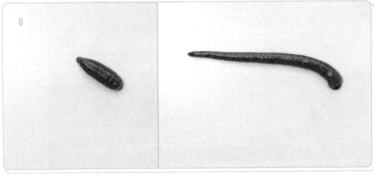

⑦ 이 히루도 메디키날리스는 주로 진흙이 많은 물웅덩이에서 사는 종으로 물속에서 빠르게 헤엄친다. 헤엄칠 때는 꼬리 부분의 흡반을 넓게 펼쳐 지느러미처럼 만든다.

⑧ 육지에서는 물속보다는 느리지만 앞뒤 흡반을 하나씩 붙였다 떼어 내며 몸을 늘이고 줄이는 방식으로 이동할 수 있다.

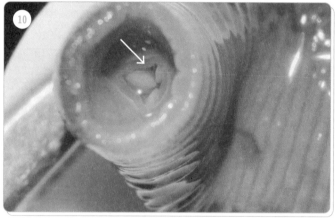

⑨ 거머리 머리 부분의 흡반에 Y 자 모양 무늬를 볼 수 있다. 이 부분은 거머리의 턱으로 거머리가 피를 빨기 위해 먹잇감 피부에 상처를 내는 부분이다.

⑩ 현미경으로 보면, 거머리 입 내부에 날카로운 턱 세 개가 있는 것을 관찰할 수 있다. 거머리의 턱에는 각각 작은 이빨 100여 개가 있어서 빨판으로 먹잇감의 몸에 부착한 후, 턱과 이빨로 피부를 뚫어 흡혈한다. 이 때문에 거머리에 물리면 상처도 Y 자 모양으로 남는다.

부를 뚫은 후 흡혈합니다. 그래서 거머리에 물린 부위는 거머리 턱 모양 그대로 Y 자 모양의 상처가 남게 된답니다.

거머리의 흡혈 과정

거머리가 어떻게 흡혈하는지 제가 직접 물려 보았습니다. 의료용 거머리는 좁은 통에 넣어 흡혈을 원하는 부위(환부)에 가져와 대면 흡혈을 유도할 수 있습니다. 의료용 거머리는 일반적으로 6개월 이상 오랜 기간 굶은 개체이므로 흡혈 반응이 빠르게 일어납니다.

피부에 턱을 고정하고 자리를 잡은 거머리는 양쪽 흡반을 붙인 채 본격적으로 피를 빨기 시작하는데, 이때 거머리가 흡혈을 시작한 후에는 강제로 떼어 내지 않는 것이 좋습니다.

거머리는 턱을 강하게 고정하고 피를 빨기 때문에 강제로 떼어 낼 경우 거머리의 몸이 찢어지는 경우도 있고, 거머리 소화관의 내용물이 역행해 우리 몸으로 들어올 수도 있습니다. 거머리의 위에는 소화를 도와주는 세균이 살고 있기 때문에 소화관 내부 물질이 우리 몸으로 역행할 경우 감염의 위험이 있죠. 거머리를 자극하지 않는 이상 소화관의 내용물은 역행하지 않으니 거머리가 충분히 피를 빨고 스스로 떨어질 때까지 가만히 기다리면 됩니다.

거머리는 가끔 흡혈하다 잠드는 경우도 있는데, 그렇지 않은 일반적인 경우라면 30분에서 한 시간 정도 흡혈한 뒤 스스로 떨어집

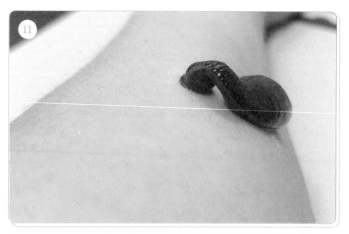

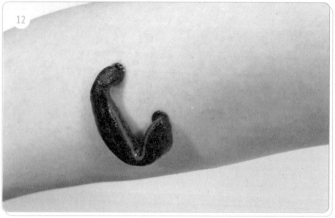

⑪ 거머리가 흡혈하는 모습.

⑫ 턱을 고정하고 자리 잡은 거머리는, 양쪽 흡반을 붙인 채 안정적으로 흡혈한다. 거머리는
   턱을 강하게 고정하고 피를 빨기 때문에 강제로 떼어 낼 경우, 거머리 소화관의 내용물이
   역행해 우리 몸으로 들어올 수도 있다. 거머리가 충분히 피를 빨고 스스로 떨어질 때까지
   기다려야 한다. 보통 30분에서 한 시간 정도 흡혈을 한 뒤 스스로 떨어진다.

니다. 제 팔에 붙어 있던 거머리는 30분 후에 흡혈을 마치고 떨어졌는데, 흡혈 전의 몸보다 굉장히 커져 있는 것을 확인할 수 있었습니다. 거머리는 피를 빠는 양이 꽤 많아서 자기 몸무게의 열 배까지도 혈액을 섭취할 수 있죠. 거머리는 한 번 제대로 흡혈하면 위장의 옆 부분에 위치하는 측맹낭이라는 주머니에 혈액을 저장할 수 있어서, 1년 정도는 아무것도 먹지 않고 살아갈 수 있다고 합니다.

그런데 거머리가 피를 빨고 떨어진 부위는 아주 오랫동안 피가 멎질 않습니다. 거머리에게 물린 부위는 보통 여섯 시간에서 열두 시간, 혹은 그다음 날까지 피가 나기도 하죠. 이는 거머리가 흡혈하며 우리 몸에 주입한 타액에 혈액응고를 막는 히루딘이라는 항응고제 성분이 포함되어 있기 때문입니다. 거머리는 오랜 시간 흡혈을 하는데, 이때 피가 굳으면 안 되기 때문에 혈액응고를 방지하는 물질을 분비하는 것입니다. (앞서 살핀 모기에서도 모기의 타액 속에 흡혈 중 피가 굳는 것을 방지하는 히루딘이 있다는 것을 확인했습니다.)

거머리 치료의 효과

거머리의 타액에는 히루딘 외에도 혈관 확장, 혈소판 응집 억제 등 혈류를 증가시키고 혈액순환에 도움되는 60여 성분이 포함되어 있습니다. 그래서 의료용 거머리는 신체 일부가 절단된 경우 접합 부위에 붙여 혈액을 순환시키기 위한 경우나, 손과 다리로 향하는 동맥에 염증이 생겨 혈관이 막히는 버거씨병 등과 같이 혈액 흐름에 문제가 있을 때 활용하면 큰 효과를 얻을 수 있습니다.

그런데 인터넷 등 시중에서 의료용 거머리를 이용해 죽은 피나 독소를 빼낸다는 등의 표현을 하며, 불필요한 경우에도 거머리 치료를 시행하도록 권하는 경우가 많습니다. 그러나 거머리가 흡혈한 자리는 생각보다 상처도 깊게 남고, 치료 과정이나 치료 후 상처 부위를 잘 관리하지 않으면 감염의 위험도 있기 때문에 가벼운 증상을 치료하는 데에는 적합하지 않습니다. 혹을 떼러 갔다 혹을 붙여 오는 좋지 못한 결과가 나타날 수 있는 거죠.

그러니 거머리 치료를 원한다면 개인의 판단으로 스스로 치료하기보다는 거머리를 전문적으로 다루는 한의원이나 병원을 방문해 의사의 상담을 통해 치료하는 것을 추천합니다.

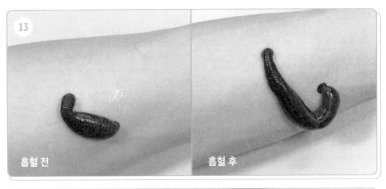

흡혈 전　　　흡혈 후

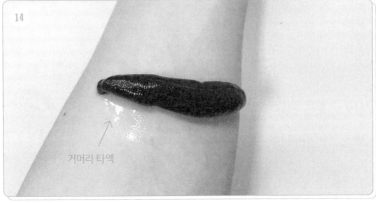

거머리 타액

⑬ 흡혈 직전과 직후의 거머리 크기 차이. 거머리는 한 번 제대로 흡혈하면 각 체절 내부에 측
맥낭이라는 주머니에 혈액을 저장해 1년 정도는 아무것도 먹지 않아도 잘 살아갈 수 있다.

⑭ 거머리의 몸 근처에서 반질반질한 액체가 흐르는 것을 볼 수 있는데 이는 거머리가 분비
하는 타액이다. 거머리의 타액에는 혈액응고를 막는 물질인 히루딘과 혈류를 증가시키고
혈액순환에 도움되는 60여 성분(단백질 등)이 포함되어 있다.

선생님, 흡혈을 마친
의료용 거머리는
어떻게 하나요?

한 번 흡혈한 의료용 거머리는
감염의 위험이 있기 때문에 절대로
재사용해서는 안 됩니다. 흡혈에 사용한
거머리는 알코올 처리를 한 후
의료용 폐기물로 분리해야 하죠.
거머리 치료는 전문가와
상의하는 것이 좋습니다.

3

우리가 먹는
열매에 이런 반전이?

여러분, 딸기 바깥에
콕콕 박혀 있는 것들이 뭘까요?

씨앗이요!

땡! 틀렸어요.
외부에 박힌 것은
딸기의 진정한 열매라고
할 수 있는 부위랍니다.

네? 우리가 먹는 부분이
딸기 열매 아니고요?

♟09 │ 딸기

딸기 외부에 박혀 있는 것은
씨앗이 아니다?

　　　　　　　　딸기 바깥에 점점이 박힌 것이 씨앗이 아니란 사실을 알고 있나요? 딸기의 비밀을 알아보기 위해 딸기 체험 농장에 다녀왔습니다. 딸기는 바닥을 기듯이 자라는 식물인데, 딸기 체험 농장에서는 딸기를 따기 쉽게 조금 높은 곳에 올려 심어 딸기가 아래를 향해 열리도록 해 두었더군요.

　딸기 농장에 방문한 사람들은 대부분 새빨갛게 익은 딸기를 따는 데만 집중하지만, 호기심이 많은 사람의 눈에는 딸기 이외의 다른 부위들도 보일 겁니다. 줄기 끝부분을 자세히 보면 새빨간 딸기뿐만 아니라 연두색 딸기와 딸기 꽃, 그리고 조금 특이하게 생긴 부위 등 다양한 형태의 부위가 달려 있죠. 이 부위들을 모아서 잘 배열해 보면, 놀랍게도 딸기가 형성되는 과정을 볼 수 있습니다.

　딸기의 줄기 끝에 달린 다양한 부위를 모아 시간순으로 배열하면, 딸기 꽃에서 꽃잎이 떨어지고 꽃의 중심 부분이 서서히 부풀며

① 자연 상태의 딸기는 바닥을 기듯이 땅 가까이에서 자라지만(왼쪽), 딸기 체험 농장에서는 딸기를 따기 쉽게 높은 곳에 심어 두었다(오른쪽).

② 딸기 체험 농장에서 가져온 딸기의 다양한 부위. 나열하면 딸기의 형성 과정을 짐작할 수 있다.

딸기가 형성되는 과정이 한눈에 보입니다. 즉, 우리가 먹는 딸기는 꽃이 서서히 변형되어 형성된 부위인 것이죠.

딸기 꽃은 어떻게 열매로 변신할까?

앞서 관찰했던 것처럼 우리가 먹는 딸기는 과거에 꽃이었던 부위이기 때문에, 딸기 꽃의 형태를 관찰해 보면 딸기가 지닌 여러 비밀을 밝혀낼 수 있답니다. 먼저 딸기 꽃의 형태를 자세히 볼까요? 딸기 꽃은 하얀 꽃잎 다섯 장을 지니며 중심 부분에 암술들이 모여 있고, 암술 주변을 수술들이 둘러싸고 있습니다.

딸기 꽃이 별로 특별하지 않아 실망했나요? 딸기는 장미과에 해당하는 식물로, 같은 장미과 식물인 벚나무의 꽃(벚꽃)과 형태가

③ 딸기를 확대해 보자. 딸기는 꽃잎 다섯 장, 암술, 수술로 이루어져 있다.

매우 유사하며 별다른 특징은 없어 보입니다. 하지만 사실 딸기는 꽃의 형태보다 꽃에서 열매가 형성되는 과정이 다른 보통의 식물과는 큰 차이가 있는 특이한 식물이죠.

포도, 복숭아, 수박, 감 등 우리가 흔히 보는 과일 대부분은 암술의 밑부분인 씨방 부위가 발달해 열매로 변한 것들입니다. 하지만 우리가 먹는 딸기는 씨방이 아니라 화탁이라는 꽃의 밑부분이 발달해 형성된 열매이죠.[1]

....

[1] 화탁은 '꽃 화(花)' '받침 탁(托)'으로 이루어진 용어입니다. 꽃을 받치는 부분이라는 뜻으로 꽃받침, 꽃잎, 수술, 암술 등 꽃을 구성하는 모든 부분이 붙어 있는 부위를 말하죠. 대개 다른 부분에 비해 굵으며, 딸기의 경우처럼 꽃이 진 후 발달해 열매가 되기도 해요. 꽃턱, 꽃받기라고 부르기도 한답니다.

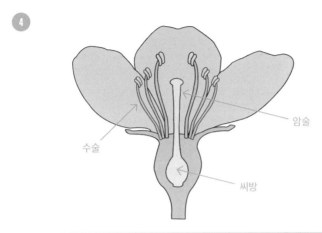

수술

암술

씨방

← 화탁이 부풀어 오르는 모습

④ 꽃의 구조. 포도, 복숭아, 감, 수박 등 우리가 흔히 보는 과일 대부분은 식물의 암술 밑부분인 씨방이 발달해 열매가 된다.

⑤ 우리가 먹는 딸기는 씨방이 아니라 꽃의 밑부분인 화탁(꽃턱)이 발달한 것이다. 씨방이 발달해 생성된 열매가 아니기 때문에 내부에 씨앗이 없다.

그래서 딸기는 씨방 이외의 부분이 변해 열매가 되었기 때문에 헛열매에 해당하는 열매랍니다. 포도, 복숭아, 감, 수박 등 우리가 흔히 보는 열매 형태인 참열매는 씨방이 발달해 과육을 형성하기 때문에 열매 내부에 씨앗이 들어 있습니다. 하지만 딸기 내부에서는 씨앗을 본 적이 없죠? 딸기는 씨방이 부풀어 형성된 것이 아니라 꽃 아랫부분의 화탁이 부푼 것이기 때문에 내부에 씨앗이 없는 것입니다.

그리고 더 충격적인 사실은 딸기 외부에 작은 깨처럼 박힌 부분이 딸기 씨앗이 아니라는 거죠. 놀랍게도 우리가 씨앗이라 부르는 부위들 하나하나가 딸기의 진정한 열매에 해당합니다. 딸기와 같은 형태의 열매를 수과[2]라고 합니다. 수과는 씨앗이 얇은 막질의 열매껍질로 둘러싸여 있는 형태의 열매를 부르는 말입니다. 수과는 과육이 없이 열매껍질 내부에 바로 씨앗이 있는 형태로 씨앗으로 오해받지만, 생물학적으로는 확실한 열매입니다. 그래서 정확히 말하면 딸기 외부에 박혀 있는 것은 수과로 분류되는 딸기의 열매이고, 딸기의 진짜 씨앗은 수과의 얇은 껍질 속에 들어 있죠.

....

2 수과를 이루는 한자를 풀어 볼까요? '파리할 수(瘦)' '열매 과(果)'예요. 이 '수'는 '수척하다'고 말할 때 사용되는 한자랍니다. 수과는 열매가 성숙해도 열리지 않는 구조인 건폐과에 속하며, 씨앗이 얇은 막질의 열매껍질로 둘러싸여 있기에 '파리할 수'를 쓰는 거죠. '수(瘦)'라는 한자를 보면 열매의 성격을 더 자세히 이해할 수 있답니다.

⑥ 우리가 씨라고 생각하는 이 부분이 사실은 딸기의 진정한 열매인 것이다.

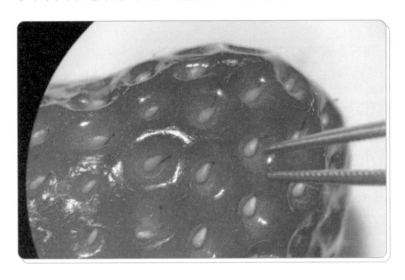

수과를 좀 더 쉽게 이해하기 위해 다른 예시를 들어 보자면, 우리가 해바라기씨라고 부르는 것도 수과에 해당하는 열매입니다. 해바라기 수과의 껍질을 벗기면 내부에 들어 있는 것이 바로 해바라기의 진짜 씨앗인 거죠.

같은 형태로 우리가 딸기의 씨라 불렀던 것도 열매였던 겁니다. 즉, 우리가 먹는 딸기는 200개가 넘는 열매(수과)가 모여 있는 집합체(집합 수과)였던 것이죠. 그리고 우리가 맛있게 먹었던 붉은 부분은 딸기의 수과들을 운반하는 역할을 하는 부위였던 것입니다.

딸기 열매(수과)를 자세히 관찰하면 보이는 것들

딸기를 자세히 관찰해 보면 딸기의 수과에는 털 같은 부위가 붙어 있는 모습을 볼 수 있는데, 이는 바로 딸기의 암술대입니다. 암술 밑부분의 씨방이 부풀어 딸기의 수과가 형성되기 때문에 암술대가 수과에 여전히 남아서 털처럼 보이는 거죠. 그리고 암술대가 딸기에 남아 있던 것처럼 꽃의 수술도 딸기에 여전히 남아 있습니다. 꽃받침이었던 부분을 살짝 들어 보면 안쪽에 수술들이 숨어 있는 것을 관찰할 수 있죠.

⑦ 딸기의 씨라고 생각하는 부분을 자세히 살펴보자. 이는 하나하나가 딸기의 수과로 수과 위에 붙어 있는 부위는 딸기의 암술대다. 암술대의 아랫부분은 씨방이 발달한 부위로 딸기의 진정한 열매라고 할 수 있다.

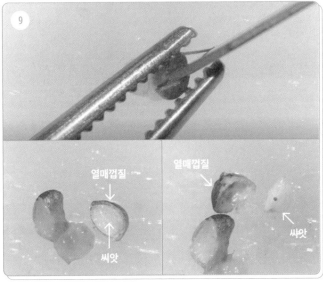

⑧ 꽃의 암술 밑부분이 부풀며 딸기가 되기 때문에 암술대가 딸기 외부에 그대로 남아 털처
럼 보이는 것이다.

⑨ 딸기의 수과를 잘라 내면, 얇은 막질의 열매껍질 내부에 있는 동그란 알갱이가 딸기의 진
짜 씨앗이다. 수과는 씨앗이 이렇게 얇은 막질의 열매껍질로 둘러싸여 있다.

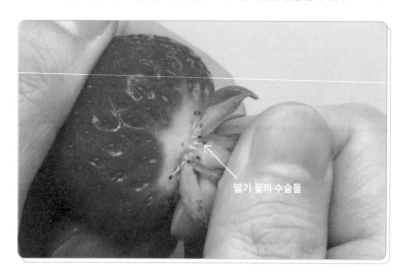

딸기 꽃의 수술들

　다음으로 딸기를 반으로 잘라서 단면을 보면 하얀 선들이 딸기 외부의 수과까지 이어지는 것을 볼 수 있습니다. 이는 수분과 영양분이 이동하는 통로인 관다발 조직입니다. 암술로 이어지던 관다발 조직이 여전히 수과와 이어져 있는 거죠. 그리고 딸기의 중간 부분은 화탁(꽃턱)이었던 부분이 부풀며 형성된 부위입니다.

　마지막으로 딸기의 번식은 곤충에 의해 수분이 이루어지는 유성생식으로도 가능하고, 뿌리 바로 윗부분에서 자란 줄기가 옆으로 뻗어 나가 새로운 장소에 뿌리를 내리는 무성생식 또한 가능합니다. 뿌리를 내린 부분은 새로운 개체가 되어 딸기가 열리게 되는 거죠. 이렇게 옆으로 뻗어 나가 새롭게 뿌리를 내려 무성생식으로 번식한 개체는 기존의 개체와 유전적으로 똑같답니다.

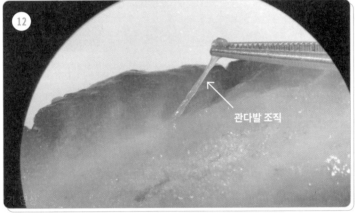

관다발 조직

⑪ 딸기의 단면을 보면 하얀 선들이 열매까지 이어져 있는 것을 볼 수 있다. 수분과 영양분이
   이동하는 통로인 관다발 조직이다. 중간 부분은 화탁(꽃턱)이었던 부분이 부풀며 형성된
   부위다.

⑫ 핀셋으로 수과를 들어 보면, 암술로 이어지는 관다발 조직을 볼 수 있다.

⑬ 딸기는 유성생식도 하지만, 뿌리 바로 윗부분의 줄기에서 옆으로 뻗어 나가 새로운 장소에 뿌리를 내리는 방식인 무성생식도 한다.

옆으로 뻗어 나가는 줄기

딸기는 우리가 흔히 봐 왔던 것인데 모르는 사실들이 참 많이 숨어 있죠?

헛열매는 딸기 말고
또 어떤 열매들이
있나요?

무화과, 배, 사과, 석류 등이
헛열매에 속해요. 헛열매는
씨방 이외의 다양한 부위가 열매로
발달한 것이어서 다양한 형태와
특징을 지닌답니다.

선생님, 파인애플을 먹으면 가끔
입이 아파요. 왜 그런 거예요?

그건 파인애플이
여러분의 입천장을
녹여 버리기 때문이죠.

엥???
입천장을
녹인다고요?

10 | 파인애플

솔방울 모양의 열매,
파인애플의 비밀

파인애플은 한눈에 봐도 굉장히 특이하게 생겼죠? 파인애플은 그 열매가 솔방울(pine cone)을 닮아 파인애플이라는 이름이 붙었답니다. 파인애플은 식물의 열매 중에서 크기가 큰 편이라 나무(목본)에서 열린다는 오해를 종종 받지만, 파인애플은 나무가 아닌 풀(초본)에서 열리는 열매입니다. 풀 중간에서 파인애플이 솟아오르듯 열리죠. 그래서 파인애플의 밑부분을 관찰해 보면 줄기(꽃대)와 이어졌던 부분을 발견할 수 있습니다.

열매를 관통하는 파인애플 줄기

그런데 특이하게도 식물 대부분은 줄기 끝부분에 열매가 맺히는 형태인데, 파인애플은 줄기가 열매를 관통하는 형태입니다. 그

① 파인애플은 풀에서 나는 열매다.

래서 파인애플은 열매 윗부분으로 줄기가 나와서 왕관 같은 모습을 하고 있죠. 외국에서는 실제로 파인애플의 윗부분을 왕관이란 의미로 '크라운(crown)'이라 부릅니다.

크라운

② 파인애플 밑부분을 보면 줄기와 이어진 부분을 볼 수 있다. 특이하게도 열매 윗부분에도 줄기가 나와 있다. 줄기 끝부분에 맺히는 다른 식물의 열매들과 달리 파인애플은 줄기가 열매를 관통한다.

파인애플을 반으로 갈라 내부를 살피며, 관통하는 줄기를 관찰해 봅시다. 파인애플 내부의 중심 부분은 주변의 다른 부위와 질감이 사뭇 다른 것을 확인할 수 있습니다. 이 부분이 바로 파인애플을 관통하고 있는 줄기 부분인데, 지금은 열매로 합쳐졌지만 줄기의 특성은 여전히 그대로 가지고 있기 때문에 질감이 다릅니다. 그래서 파인애플의 중심 부위(줄기)는 섬유질로 되어 있기 때문에 식감도 단단하고 소화도 잘되지 않습니다. 이 때문에 파인애플을 먹을 때는 대부분 중간 부분을 제거하고 먹는 거죠. 파인애플 통조림 속 파인애플이 도넛 모양인 이유도 중간의 줄기 부분을 제거했기 때문입니다.

③ 파인애플을 세로로 갈라 보면, 중심부의 질감이 다른 부위와 차이 나는 것을 볼 수 있다. 표시된 부분이 줄기 부분이다. 지금은 열매로 합쳐졌지만 줄기의 특성을 그대로 지니기 때문에 소화가 잘되지 않는 섬유질로 이루어져 있다.

수백 송이 꽃이 합쳐져 형성된 열매

파인애플에서 열매 중심으로 줄기가 지나가는 이유는 파인애플이 열매를 형성하는 방법과 관련 있습니다. 식물 대부분은 꽃 하나가 열매 하나로 발달하지만, 파인애플은 특이하게도 꽃 여러 송이가 한 열매로 합쳐지는 다화과(겹열매)입니다.

파인애플 꽃은 줄기(꽃대) 하나를 중심으로 100~200여 개 꽃이 피어나는 형태인데, 파인애플은 이러한 수많은 꽃들이 줄기와 합쳐지며 커다란 열매 하나로 변하게 됩니다. 그래서 파인애플 열매를 관찰하면 수백 송이 꽃들이 합쳐진 형태라는 것을 확인할 수 있습니다.

파인애플은 외부에 보이는 다각형 모양들이 모두 각각 별개의 꽃이었던 부분인데, 이러한 다각형 모양 부위를 자세히 관찰해 보면 한 송이 꽃이었던 흔적을 발견할 수 있죠. 다각형 모양 부위를 자세히 살펴봅시다.

먼저 파인애플은 꽃이 열매로 발달하는 과정에서 꽃잎은 시들어 버리고 포엽과 꽃받침이 남아 외부를 감싸게 되는데, 이 부위들이 열매의 겉껍질로 발달합니다. 그래서 파인애플 외부의 가시처럼 튀어나온 부분이 꽃의 아래쪽에 위치하던 포엽입니다. 포엽은 발달하는 꽃을 보호하는 역할을 하는 잎이죠.

그리고 포엽 부분을 뜯어내어 보면 파인애플 꽃을 감싸던 꽃받침이었던 부위를 발견할 수 있습니다. 꽃받침 부분은 자세히 보면 세 개로 이루어져 있는데, 파인애플 꽃의 꽃받침이 세 개이기 때문

④ 파인애플 꽃. 한 줄기(꽃대)를 중심으로 피는 수많은 꽃이 줄기와 합쳐지며 파인애플 열매
하나로 변한다.

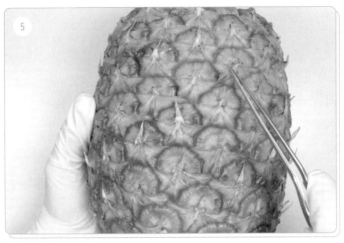

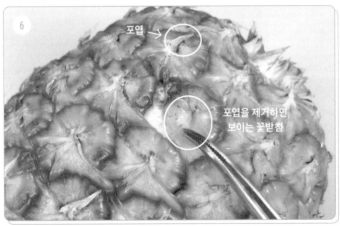

포엽 →

포엽을 제거하면
보이는 꽃받침

⑤ 파인애플의 겉껍질을 자세히 보면, 다각형의 모양으로 이루어진 것을 볼 수 있는데, 이 다
각형 하나가 꽃 한 송이였던 부위다. 대략 100~200여 개 꽃이 합쳐져 파인애플 열매 하
나가 된다.

⑥ 파인애플이 꽃이었던 흔적을 곳곳에서 발견할 수 있다. 가시처럼 튀어나온 부분은 꽃의
아래쪽에 있었던 포엽이라 불리는 잎이다. 이 포엽을 뜯어내면 무언가 파인애플을 덮고
있는데 이 부분은 파인애플 꽃의 꽃받침이었던 부분이다.

에 그 흔적이 그대로 남아 있는 것이죠.

파인애플 내부에 남아 있는 꽃의 흔적

그리고 꽃받침을 조심히 제거해 주면 내부에 움푹 파인 형태를 볼 수 있습니다. 이 부위는 바로 꽃의 암술과 수술 부분입니다. 중간 부분에 있는 것이 암술이고, 주변부를 둘러싼 것이 수술이죠.

다음으로 파인애플을 가로로 잘라서 단면을 보면 중심에 줄기

⑦ 포엽을 제거한 후 꽃받침 부분을 자세히 보면 세 개로 이루어져 있는 것을 볼 수 있는데, 파인애플 꽃의 꽃받침이 세 개이기 때문에 그 모습 그대로 파인애플에 남은 것이다.

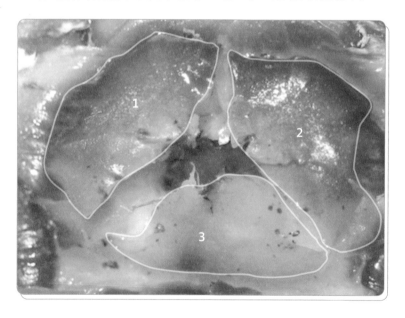

가 있고 그 주변으로 꽃이 피었던 것을 확인할 수 있습니다. 우리가 주로 먹는 파인애플의 과육 부분은 파인애플 꽃의 화탁(꽃턱)과 씨방이 발달한 부위죠. 씨방은 식물의 암컷 생식소 부위로, 밑씨를 품고 있는 부분이며 익으면 열매가 되는 부분입니다.

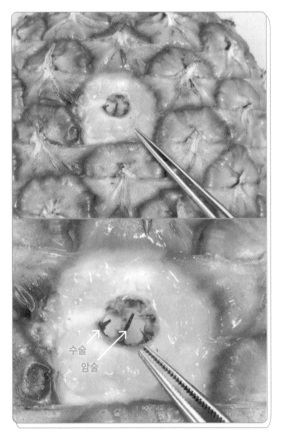

수술
암술

⑧ 꽃받침을 제거해 보면 내부에 이렇게 움푹 파여 있는 것을 볼 수 있다. 이 부위는 꽃의 암술과 수술 부분이다. 중간 부분이 암술, 주변 부분을 둘러싼 것이 수술이다.

ⓒ 파인애플을 가로로 갈라 단면을 보면, 중심부에는 줄기가 있고 그 주변에 꽃이 피었던 흔적을 볼 수 있다. 우리가 주로 먹는 과육은 바로 파인애플 꽃의 화탁과 씨방이 발달한 부위다.

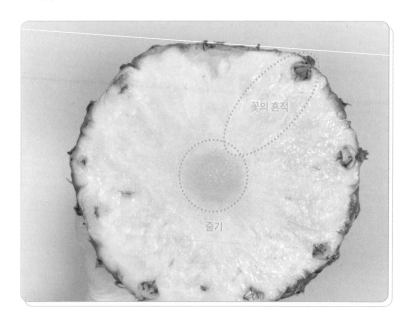

그리고 껍질 부분을 얇게 잘라 보면 꽃이었던 부분마다 구멍이 있는 것을 볼 수 있는데, 이 부위는 씨방의 흔적입니다. 파인애플 꽃의 씨방은 세 구역으로 나뉘어 있기 때문에 열매에서도 여전히 세 구역이 남아 있는 것입니다. 파인애플의 씨방 부위는 씨앗이 형성되는 곳이므로 씨앗이 발견되기도 하죠.

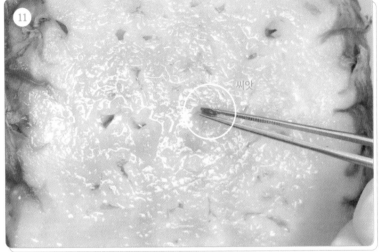

씨앗

⑩ 파인애플을 세로로 갈라 보면, 꽃이었던 부분마다 구멍이 있는 것을 볼 수 있다. 파인애플 꽃의 씨방은 세 구역으로 나뉘어 있어서 열매에서도 여전히 그 흔적이 남아 있는 것이다.

⑪ 씨방은 씨앗이 형성되는 곳이므로 씨앗이 발견되기도 한다. 씨앗이 있는 부위는 수분이 일어난 꽃 부분이고, 씨앗이 없는 부위는 수분이 이루어지지 않은 꽃 부분이다.

그런데 파인애플의 씨방 부위에서는 씨가 발견되지 않는 부위들도 있습니다. 이는 파인애플은 꽃가루와 밑씨가 만나 수정이 일어나는 수분 과정 없이도 열매가 형성되는 단위결실이라는 현상이 일어나기 때문이죠. 그래서 파인애플은 수분이 일어나지 않아도 열매가 형성될 수 있기 때문에, 먹을 때 씨앗이 많이 보이지 않는 것이죠. 그렇다면 파인애플 농장에서는 어떻게 파인애플을 번식시킬까요?

파인애플의 씨앗은 싹이 트는 데만 6개월이 걸릴 정도이고, 싹이 자라더라도 열매를 만들기까지 굉장히 오랜 시간이 걸립니다. 그래서 파인애플 농장에서는 씨앗을 이용한 생식이 아닌 영양생식이라는 방법으로 번식시킵니다. 영양생식은 생식기관이 아닌 잎이나 줄기, 뿌리 등의 영양기관을 이용한 번식 방법입니다. 즉, 식물의 일부가 갈라져 새로운 개체가 되는 생식 방법이죠.

파인애플 농장에서는 파인애플의 뿌리 옆으로 자라는 새순이나 열매 밑부분에서 자라는 줄기 등을 잘라서 다른 곳에 심습니다. 그럼 심어 둔 새순과 줄기가 새로운 개체로 자라게 되는 것이죠. 파인애플 윗부분의 크라운을 잘라 내어 심어 줘도 하나의 개체로 자랄 수 있지만, 크라운은 열매를 팔 때 같이 판매되는 경우가 많아 파인애플 농장에서는 일반적으로 새순이나 줄기를 이용해 파인애플을 재배하죠.

⑫ 파인애플의 크라운을 물에 담그면, 2~3주 후에 뿌리가 나오는 것을 볼 수 있다. 파인애플은 이렇게 씨앗 없이도 영양생식이 가능하다.

파인애플을 먹으면 입속이 아린 이유

마지막으로 혹시 파인애플을 먹다가 입이 아렸던 적이 있나요? 이는 파인애플에 들어 있는 브로멜라인이라는 단백질분해 효소 때문에 일어나는 현상입니다. 파인애플 속 브로멜라인이 혀와 구강 점막에 있는 단백질을 녹여 입안의 표면을 헤지게 했기 때문이죠. 간혹 심할 경우 통증을 넘어서 입에서 피가 나기도 합니다. 하지만 입안의 단백질은 금방 다시 회복되기 때문에 큰 걱정은 안 해도 된답니다.

파인애플은 요리할 때 고기 육질을 부드럽게 하기 위해서도 쓰이는데, 브로멜라인에 의해 고기의 단백질이 분해되어 연해지는 효과를 이용한 것이죠. 혹시 파인애플을 먹을 때 입안이 아린 것이 싫다면 파인애플을 익혀서 먹어 보세요. 열에 의해 브로멜라인이 변성되어 입안이 아리지 않답니다.

아! 그래서 고기를 재울 때
파인애플을 넣는 거군요.
보통 키위도 넣는데, 키위에도
이 효소가 있나요?

키위에는 액티니딘이라는
단백질분해 효소가 있답니다. 이 밖에도
단백질분해 효소가 있는 과일이 있는데요,
파파야에는 파파인이, 무화과에는
피신이 있답니다. 모두 다 고기를
부드럽게 만들어 주는 연육제
역할을 한답니다.

사과를 가로로 잘라본 적이 있나요?

아니요! 보통 세로로 지르니까요.
가로로 자르면 또 신기한 걸 볼 수 있나요?

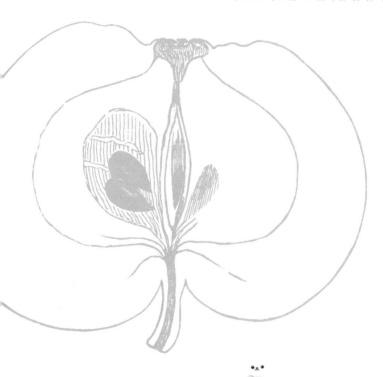

네, 사과를 가로로 자르면 아주 예쁜
꽃 모양 무늬를 볼 수 있답니다!
그럼 사과의 비밀을 한번 알아볼까요?

11 | 사과

사과를 가로로 자르면 나타나는
특이한 무늬

이번 장에서는 사과를 관찰하기 위해 아오리 (쓰가루)라는 품종의 사과를 준비했습니다. 아오리 사과는 흔히 보는 붉은 사과와는 달리 초록색을 띠고 있습니다. 하지만 사실 아오리 사과도 붉은색이 나타나기 전에 수확한 것일 뿐, 익으면 붉은색으로 변한답니다. 사과 껍질은 익는 과정에서 빛과 온도 등의 자극에 의해 안토시아닌이라는 색소가 발현되며 붉은색이 나타나게 되죠.

사과가 초록색에서 강렬한 붉은색으로 변하는 것은 동물들에게 자신이 잘 익었음을 알리기 위한 표시입니다. 사과처럼 맛있는 과육을 만들어 내는 식물의 열매는 맛과 향기로 동물을 유혹해서 열매를 먹게 만들고, 이 과정에서 씨앗을 다른 장소로 멀리 퍼뜨립니다. 이때 초록색이 가득한 숲에서는 초록색보다 붉은색 사과가 훨씬 발견되기 쉬운 장점이 있죠. 그래서 사과뿐만 아니라 다른 생물을 통해 씨앗을 퍼뜨리는 식물의 열매는 대부분 익으면서 화려한 색깔로 변하고 향기도 진해지는 경우가 많답니다.

사과는 동물들뿐만 아니라 사람들에게도 많은 사랑을 받는 과일 중 하나입니다. 하지만 사과는 우리가 알지 못하는 비밀이 아주 많이 숨어 있는 특이한 과일이기도 하죠. 지금부터 사과의 비밀에 대해 살펴볼까요?

먼저 사과나무의 꽃에 대해 알아봅시다. 사과나무는 벚나무와 같은 장미과 식물로 벚꽃과 굉장히 비슷한 꽃이 핍니다. 사과 꽃은 벚꽃과 똑같이 꽃잎 다섯 장과 다섯 갈래로 나뉜 꽃받침으로 이루어져 있죠.

사과 꽃은 꽃받침 아랫부분이 부풀며 서서히 열매로 발달하게 됩니다. 그래서 사과는 꼭지 부분이 가지에 붙어 있던 줄기 부분이고 반대편에는 사과 꽃의 꽃받침이 남아 있죠. 사과 꽃의 꽃받침은 다섯 갈래로 나뉘어 있기 때문에 사과의 윗부분(꼭지 반대편)에도 다섯 갈래의 꽃받침이 그대로 남아 있는 모습을 볼 수 있죠.

씨방이 아닌 다른 부위가 발달한 열매

그런데 사과에는 사람들이 잘 모르는 사실이 하나 있습니다. 복숭아나 감 등 우리가 흔히 보는 열매(참열매)는 꽃의 씨방 부분이 발달하여 과육으로 변한 열매이지만, 사과는 이런 열매와 달리 씨방 이외의 다른 부분이 함께 발달해 과육으로 만들어진 헛열매라는 사실이죠. (이전 장에서 살폈던 딸기도 헛열매였죠.)

① (위) 사과 꽃은 꽃잎 다섯 장과 다섯 갈래로 나뉜 꽃받침으로 이루어졌다. (아래) 사과는 꽃받침 아랫부분이 부풀며 서서히 열매로 발달한다.

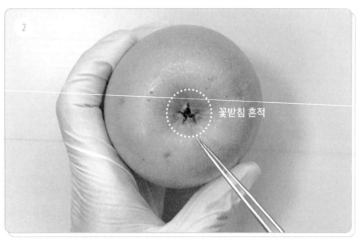

꽃받침 흔적

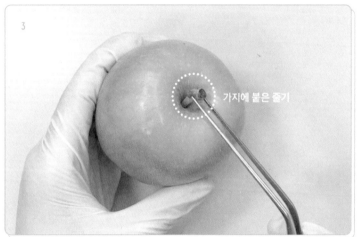

가지에 붙은 줄기

② 사과의 꼭지 반대편은 다섯 갈래로 나뉜 사과 꽃의 꽃받침이 남아 있는 부분이다.

③ 사과의 꼭지 부분은 가지에 붙어 있던 줄기에 해당하는 부분이다.

그래서 우리가 맛있게 먹는 사과의 과육 부분은 복숭아나 감 등의 과육 부분과 달리 씨방이 발달한 부위가 아닙니다. 사과의 씨방 부분이 발달해 형성된 부분은 전혀 의외의 부위이죠. 사과를 세로로 잘라 보면 중심 부분에 경계가 져 있는 것을 볼 수 있습니다. 이 사과 중심의 작은 부분이 씨방이 발달한 부분으로, 다른 열매(참열매)들의 과육에 해당하는 부위입니다.

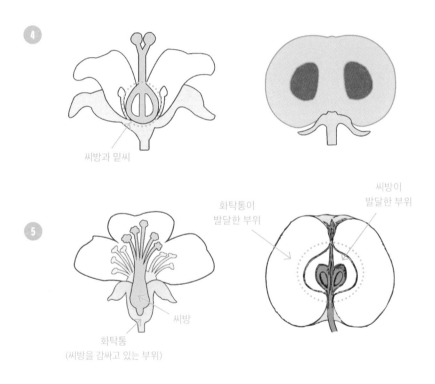

④ 감의 형성 과정. 참열매는 씨방 부분이 발달해 과육이 된다.

⑤ 사과는 씨방 이외 씨방 주위의 화탁통이 함께 발달해 만들어진 헛열매다.

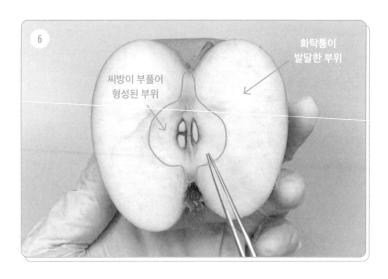

⑥ 화탁통이
발달한 부위

씨방이 부풀어
형성된 부위

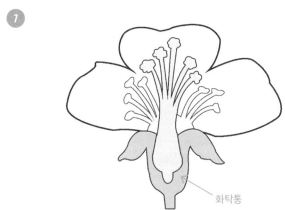

⑦

화탁통

⑥ 사과를 세로로 잘라 보자. 바로 이 중심부의 무늬인 우리가 먹지 않고 버리는 사과 심 부
분이 씨방이 부풀어 형성된 부위다. 우리가 먹는 과육 부분은 씨방이 아니라 씨방 주위의
화탁통 부분이 발달해 형성된 부분이다.

⑦ 바로 이 화탁통이 부푼 것이 우리가 먹는 과육이다. 씨방이 아닌 다른 부위가 과육으로 발
달했기 때문에 사과는 헛열매로 분류된다.

그러니 놀랍게도 우리가 먹지 않고 버리는 사과의 심 부분이 씨방이 부풀어 형성된 사과의 진정한 열매(참열매) 부분인 거죠. 우리가 사과에서 먹는 과육 부분은 씨방이 아니라 씨방 주위의 화탁통(꽃턱통)이 발달해 형성된 부분입니다. 화탁통은 꽃받침과 꽃잎 등 꽃의 부속기관이 부착되는 씨방 주위의 원통 모양 부위로, 사과는 씨방이 아닌 다른 부위가 과육으로 발달했기 때문에 참열매가 아닌 헛열매로 분류되는 열매입니다.

사과를 가로로 자르면 나타나는 무늬의 정체

사과의 세로 단면에서 꽃받침이 있던 부분을 자세히 보면 사과 꽃의 수술이 남아 있는 것도 볼 수 있습니다. 이처럼 사과 열매에는 꽃이었던 흔적이 그대로 남아 있기 때문에 사과를 가로로 잘라 보면 사과 꽃의 특성에서 유래한 특이한 무늬를 관찰할 수 있죠.

사과의 가로 단면에는 꽃잎 다섯 장을 지닌 형태의 꽃 무늬가 나타납니다. 그리고 꽃잎처럼 보이는 다섯 공간 내부에는 각각 사과 씨앗이 한 개 또는 두 개가 들어 있죠.

사과의 가로 단면에서 나타나는 무늬의 정체는 무엇일까요? 이 꽃 모양 공간은 사과의 암술이 지닌 특징과 관련 있습니다. 사과 꽃의 암술은 한 개처럼 보이지만 사실 여러 심피(心皮)가 하나로 합쳐져 있습니다. 심피는 암술머리, 암술대, 씨방으로 이루어진 암술의 구성 단위인데, 사과 꽃의 암술은 심피 다섯 개가 하나로 합

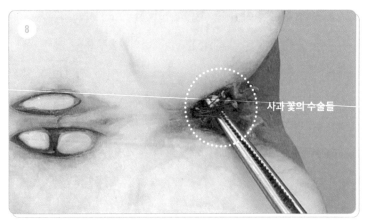

사과 꽃의 수술들

⑧ 꽃받침이 있던 부분을 보면 내부에 사과 꽃의 수술이 남아 있는 것을 볼 수 있다.

⑨ 사과를 반으로 갈라 보면, 꽃잎 다섯 장을 지닌 꽃 무늬 모양이 나타난다.

쳐진 형태죠.

그래서 사과의 암술 밑부분은 하나로 보이지만 암술대와 암술 머리 부분은 다섯 개로 나뉘어 있고, 암술 내부도 씨방 다섯 개로 나뉘어 있습니다. 이런 씨방 내부의 다섯 공간이 열매로 발달한 후에도 그대로 나뉘어 있기 때문에 가로로 잘랐을 때 꽃 모양처럼 보이는 무늬가 나타나는 것이죠.

⑩ 암술 내부의 다섯 공간이 열매로 발달한 후에도 남아서 사과를 가로로 잘랐을 때 꽃 모양처럼 보이는 것이다.

그리고 사과의 가로 단면에는 특이한 무늬가 하나 더 있습니다. 꽃 모양 주변 과육을 자세히 보면 작은 점 같은 부위가 주변에 둘러싸여 있습니다. 자세히 보지 않는다면 발견하기 어려울 정도로 작은 무늬죠. 이는 사과나무에서 사과로 물과 양분이 이동하던 관다발 조직의 흔적입니다. 관다발 조직은 식물에서 혈관과 같은 역할을 하는 조직입니다.

작은 사과 꽃이 수분과 영양분이 가득한 사과로 변하는 것은 관다발 조직을 통해 뿌리로 흡수한 물과 잎으로 광합성을 해 만든 양분이 이동하여 열매에 축적되었기 때문이죠.

⑪ 꽃 모양 주위를 자세히 보면 작은 점 무늬가 보이는데, 이는 사과 꽃으로 물과 양분이 이동하던 관다발 조직의 흔적이다.

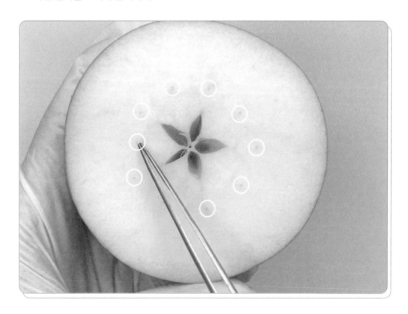

사과 안에 든 꿀의 정체는?

사과를 먹다가 물에 젖은 듯한 조직을 본 적이 있나요? 이는 관다발 조직을 통해 사과로 들어온 솔비톨이라는 물질이 사과 과육 조직 사이에 축적되며 나타나는 현상입니다.

솔비톨은 단맛이 나는 물질이어서 솔비톨이 축적된 부위를 꿀이라고 표현하며, 솔비톨이 든 사과를 '꿀사과'라고도 부르며 좋아하는 사람들이 꽤 많습니다. 하지만 농업계에서는 사과에 솔비톨

⑫ 사과를 먹다 보면, 이렇게 젖은 듯한 조직이 보이기도 하는데 이는 사과의 과육 사이에 솔비톨이 축적되며 나타나는 현상이다. 이 부위를 꿀이라고 표현하며 좋아하는 경우가 많지만, 농업계에서는 밀병이라 부르며 사과의 생리장해로 판단한다. 사과의 식감이 덜 아삭하고 보관 기관이 짧아지기 때문이다.

이 축적되면 식감이 덜 아삭하고 보관 기관이 짧아지기 때문에, 오히려 이 현상을 '꿀 밀(蜜)' '병들 병(病)'을 써 밀병이라 부르며 사과의 생리장해로 판단합니다.

밀병은 주로 수확 시기가 지났거나 일교차가 심한 경우에 나타난다고 합니다. 하지만 밀병이 나타났다고 걱정할 필요는 없습니다. 솔비톨 자체는 식물에서 흔히 나타나는 물질이니 먹어도 안전하답니다.

---

1 아미그달린은 사과 말고도 살구와 복숭아 등 일부 과일의 씨앗에 든 성분이에요. 암을 치료하는 데 사용되기도 하지만 분해하면 유독 물질인 사이안화수소가 생성되어 일반적으로 유해한 물질로 알려져 있죠.

2 사이안화수소는 사이안화칼륨에 황산을 넣고 증류하여 얻는 무색의 액체을 가리킵니다. 사이안화수소의 수용액을 '청산'이라고 하는데, 이 물질은 독성이 매우 강해 살충제로도 씁니다.

신생님! 사과씨에
독이 들었다는
말을 들었어요!

네, 맞아요. 식이섬유와 비타민 등이 풍부해
몸에 좋은 과육과는 달리 사과씨에는 독성물질이 들어
있어서 주의해야 합니다. 사과씨에는 아미그달린[1]이란
성분이 들어 있는데, 아미그달린을 섭취하면 체내에서
분해되며 인체에 유해한 독성물질인 사이안화수소[2]가
발생하게 되죠. 그래서 사과씨는 많은 양을 섭취할
경우, 두통과 호흡곤란, 심장박동 이상 등의 증세가
생길 수 있으므로 조심하는 것이 좋답니다.

사과씨를
조심해야겠군요.

하지만 사과씨에 든 아미그달린의
양은 그리 많지 않아요. 사과씨를 다량
섭취한다면 위험하겠지만, 한두 알 정도
먹는다고 큰 문제가 일어나지는
않으니 너무 걱정하지
않아도 됩니다.

4

볼수록 신비한
식물의 비밀

옥수수수염의 정체가 뭔지 아나요?

음…… 진짜 수염일 리는
없고…… 뭔가요, 선생님?

자, 힌트! 옥수수수염은 옥수수
낱알과 하나씩 이어져 있답니다.

엥?! 하나씩 이어져 있어요?

12 | 옥수수

옥수수수염 개수는
옥수수 낱알 개수와 같다?

옥수수는 벼과에 속하는 식물로, 같은 벼과 식물인 벼, 밀과 함께 세계 3대 식량작물로 불리는 식물입니다. 옥수수는 성장속도가 빨라서 비료와 물만 적절히 주면 빠르게 자라 열매를 맺는데, 열매에 당을 축적하는 비율이 높아 재배 효율이 뛰어납니다. 게다가 옥수수는 1미터 이상 높게 자라 잡초와의 경쟁에서도 유리하기 때문에 농사짓기에 아주 효율적인 식물이죠. 그래서 옥수수는 세계 농작물 수확량의 10퍼센트 이상을 차지할 만큼 많이 재배되고 있습니다.

옥수수는 생산량이 많은 만큼 굉장히 다양한 용도로 쓰이고 있습니다. 사람의 식량은 물론이고, 가축의 사료와 제약 및 바이오 연료 등 여러 산업에서 활용되는데, 사람이 섭취하는 옥수수의 양보다 다른 용도로 활용되는 양이 더 많을 정도죠. 이렇듯 옥수수는 우리의 삶에서 없어서는 안 될 소중한 식물로, 아주 오래전부터 재

① 옥수수는 커다란 풀로, 줄기의 중간 부분에 우리가 먹는 옥수수가 열린다.

배되어 온 식물입니다.

그래서 옥수수는 사람에게 아주 친숙한 식물이지만, 옥수수에
는 우리가 알지 못하는 비밀이 많이 숨어 있습니다. 지금부터 옥수
수의 비밀에 대해 알아봅시다.

옥수수 낱알은 씨앗일까? 열매일까?

옥수수의 본체는 1미터 이상 자라는 커다란 초본식물, 즉 풀입
니다. 높게 솟아오른 줄기 중간 부분에 우리가 먹는 옥수수 열매가
열리죠. 그래서 옥수수의 밑부분을 보면 본체에 달려 있던 부분을
볼 수 있습니다.

② 옥수수 위의 끝부분에는 옥수수수염이 달려 있고, 포엽이 옥수수 낱알을 감싸고 있다.

③ 옥수수 전체가 열매가 아니라 이 한 알이 '영과'라 불리는 옥수수 열매다. 영과는 열매껍질과 씨앗의 껍질이 붙어 있는 열매 형태로 씨앗으로 잘못 알고 있는 경우가 많다.

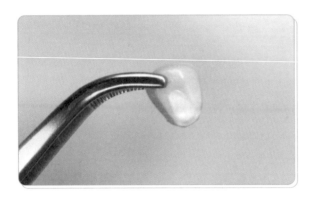

그리고 옥수수의 윗부분에는 옥수수수염이라 불리는 부위가 위치하고, 옥수수 낱알은 포엽이라는 잎에 싸여 있습니다. 옥수수는 보통 일곱 장에서 열두 장인 포엽에 둘러싸여 있죠.

그런데 사람들 대부분은 기다란 옥수수 전체가 하나의 옥수수 열매고 촘촘히 박혀 있는 옥수수낱알이 씨앗이라고 생각합니다. 그런데 충격적이게도, 사실 각각의 옥수수 낱알들이 전부 영과[1]라고 불리는 옥수수의 열매입니다.

영과는 성숙 과정에서 열매껍질(과피)이 씨앗에 밀착된 형태의 열매로, 딸기 외부에 있는 수과와 비슷한 형태의 열매입니다. (딸

---

[1] 영과의 한자를 보면, '이삭 영(穎)' '열매 과(果)'입니다. 과피가 말라서 씨껍질과 붙어 하나처럼 되고, 속의 씨는 하나인 열매를 뜻하죠. 옥수수 이외 벼, 보리, 밀도 영과랍니다.

④ 옥수수는 커다란 풀로, 줄기의 중간 부분에 우리가 먹는 옥수수가 열린다.

옥수수 수꽃

옥수수 암꽃

기의 수과는 136쪽을 참고하세요.) 영과는 열매의 껍질과 씨앗의 껍질이 거의 붙어 있는 형태의 열매이기 때문에 씨앗으로 많이 혼동되지만 식물학적으로는 열매가 정확한 표현입니다. 즉, 옥수수의 낱알이 각각 하나의 열매이고 옥수수 낱알의 껍질 한 겹 내부에 있는 것이 씨앗인 거죠.

옥수수 열매의 구소에 내해 아직 질 모르겠디면, 다음 설명이 도움이 될 겁니다. 옥수수 열매는 수분이 이루어진 후 씨방이 발달하며 생성되기 때문에, 옥수수 낱알이 각각의 열매라는 것을 이해하기 위해서는 옥수수 꽃의 수분 과정을 살펴보는 것이 좋겠네요. 수꽃의 꽃가루와 암술 내부의 밑씨가 만나는 과정을 수분이라고 하는데, 옥수수는 한몸에 암꽃과 수꽃이 따로 피는 암수한그루(자웅동주) 식물입니다. 옥수수는 식물체 윗부분에는 수꽃이, 줄기 중간 부분에는 암꽃이 피어나는 형태죠.

옥수수는 바람에 의해 수분이 이뤄지는 풍매화여서 수꽃의 꽃가루가 바람에 날려 암꽃에 도달해 수분이 이루어지게 됩니다.[2] 이때 옥수수의 암꽃 내부에는 꽃대를 중심으로 씨방이 여러 줄로 배열되어 있는데, 수분이 이뤄지면 암꽃 내부에 있는 각각의 씨방이 부풀어 열매가 형성되기 때문에 옥수수 열매도 꽃대를 중심으로

---

2 풍매화(風媒化)의 꽃가루는 가볍고 양이 풍부하며 바람에 쉽게 날리는 것이 특징입니다. 곤충에 의해 꽃가루가 운반되어 수분이 이루어지는 충매화(蟲媒化)는 곤충을 유인하기 위해 꽃이 화려하고 아름다운 데 반해, 풍매화는 대개 빛깔이 수수한 편입니다. 풍매화에는 버, 뽕나무, 소나무, 은행나무 등의 꽃이 속합니다.

빼곡하게 열리는 것입니다. 그리고 이 부분에서 옥수수수염이 어떤 부위인지 알 수 있게 됩니다. 옥수수의 암꽃에서 수분이 일어날 때 꽃가루를 받아들이는 곳이 바로 우리가 옥수수수염이라 부르는 부위입니다. 옥수수수염의 정체를 자세히 알아보기 위해서는 옥수수의 포엽 내부를 관찰해 봐야 하죠.

⑤ 옥수수의 암꽃 내부에는 꽃대를 중심으로 씨방이 여러 줄 배열되어 있다. 수분이 이뤄지면 각각의 씨방이 부풀며 열매가 된다. 그래서 옥수수 열매를 보면 꽃대를 중심으로 빼곡하게 열리는 것을 볼 수 있다.

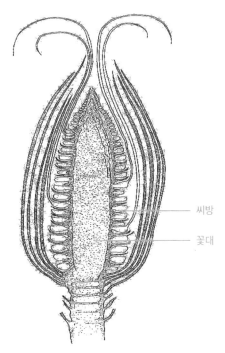

씨방

꽃대

옥수수 암꽃의 단면도

옥수수수염은 무슨 부위일까?

옥수수를 둘러싼 포엽을 벗기면 옥수수 열매(영과)들과 이어져 있는 수많은 옥수수수염을 볼 수 있습니다. 놀랍게도 옥수수수염의 개수는 옥수수 낱알(열매)의 개수와 똑같다고 합니다.

그럼 이 옥수수수염의 정체는 무엇일까요? 사실 옥수수수염은 옥수수에만 있는 특이한 부위가 아닙니다. 옥수수수염은 바람에 의해 날아오는 수꽃의 꽃가루를 받아들이는 암꽃의 한 부위입니다. 옥수수수염의 정체는 옥수수 암꽃의 암술대와 암술머리 부위인 거죠.

옥수수 암꽃은 바람에 날려 오는 꽃가루를 받아들이기 위해 포엽 내부에 있는 씨방에서 암술대가 길게 나와 있는 형태인데, 그 부위를 우리는 옥수수수염이라 부르는 것이죠. 그래서 옥수수수염은 암꽃 내부에 여러 줄로 배열되어 있는 각각의 씨방과 이어져 있는 암술대이기 때문에 옥수수의 씨방 개수와 옥수수수염의 개수는 똑같습니다. 그리고 수분이 이루어지면 각각의 씨방이 부풀어 옥수수 열매(영과)가 되기 때문에 옥수수수염의 개수는 옥수수 낱알(열매)의 개수와 똑같다고 할 수 있죠. 신기하죠?

하지만 사실 몇몇 씨방에서는 수분이 이루어지지 않는 경우도 있어서, 옥수수수염과 옥수수 낱알의 개수는 약간의 차이가 있을 수 있습니다. 그러니 엄밀히 말해, 옥수수수염의 개수는 옥수수 낱알의 개수와 '비슷하다'라고 표현하는 것이 정확하겠네요.

옥수수수염은 이뇨 작용 촉진, 콜레스테롤 감소, 항산화 작용 등

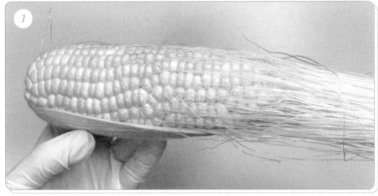

⑥ 옥수수수염은 꽃의 암술대와 암술머리 부위다. 꽃가루를 잘 받아들이기 위해 포엽 내부
에 있는 씨방에서 암술대가 길게 나와 있는 것이다.

⑦ 암술대와 암술머리인 옥수수수염은 각각 씨방 한 개와 연결되어 있기 때문에 옥수수수염
과 씨방의 개수는 같다. 각각의 씨방은 옥수수 낱알로 발달하므로 옥수수수염의 개수는
옥수수 낱알의 개수와 똑같다고 할 수 있다. 하지만 수분이 이루어지지 않는 씨방도 있기
에, 옥수수수염과 낱알의 개수가 완전히 똑같지는 않고 약간의 차이가 있다.

⑧ 옥수수수염은 밖으로 당기면 간단히 떼어 낼 수 있다. 옥수수수염은 이뇨 작용 촉진, 항산화 작용 등의 여러 효능으로 차로 많이 달여 먹는다. 옥수수수염차는 정확히 표현한다면 '옥수수 암술대차'라고 할 수 있겠다.

의 여러 좋은 효능이 있어서 차로 많이 달여 먹기도 합니다. 옥수수수염차는 옥수수 암술대를 달인 차인 거죠.

위치에 따라 모양이 다른 옥수수 낱알

다음으로 옥수수의 열매(영과)를 관찰해 보면, 옥수수 윗부분에는 열매가 비어 있는 경우가 있는데, 이 빈 부분은 벌레가 먹은 부위는 아니고 수분이 이루어지지 않아 열매가 형성되지 않은 부위입니다. 윗부분의 씨방과 이어진 암술대(옥수수수염)는 외부로 나

⑨ 옥수수의 윗부분은 이렇게 비어 있는데, 이 부분은 수분이 이루어지지 않아 열매가 형성되지 않은 부위다.

와 있는 암술대의 가장 내부에 있어 수분이 이루어지지 않는 경우가 종종 발생합니다.

그리고 옥수수 열매는 달려 있는 위치에 따라 모양이 조금씩 다릅니다. 본체의 줄기 쪽에 가까운 부분(옥수수 밑부분)의 열매가 반대쪽 부분(옥수수 윗부분)의 열매보다 크기가 더 큰 경향이 있고, 양쪽 끝부분의 열매들은 둥근 형태를 띠지만 중간 부분의 열매는 위아래의 압력에 의해 납작한 형태를 띠고 있죠.

그리고 옥수수를 반으로 잘라 단면을 보면 꽃대를 중심으로 열매들이 줄줄이 달린 것을 볼 수 있습니다. 꽃대를 중심으로 씨방이 있던 자리에 그대로 열매가 되었기 때문에 그 흔적이 남아 있는 거

죠. 마지막으로 옥수수 열매를 좀 더 자세히 보기 위해 옥수수 열매를 반으로 갈라서 현미경으로 확대해 보았습니다.

　옥수수의 열매는 얇은 껍질 내부에 바로 씨앗이 있기 때문에 열매 내부 모습이 곧 씨앗 내부의 모습입니다. 옥수수 씨앗의 내부에는 새로운 식물로 자라날 부위인 배(씨눈)와 배가 발아할 때 초기 영양분이 되어 주는 배젖(배유)을 볼 수 있습니다. 옥수수는 배젖 부위에 영양분을 녹말 형태로 저장하는데, 이러한 녹말이 풍부하게 저장된 열매들이 꽃대를 따라 빼곡하게 열리기 때문에 식량으로 유용하게 활용되고 있습니다.

　이렇듯 옥수수는 영양분이 가득한 열매들을 포엽으로 감싸서 안전하게 담고 있으니, 오래전부터 꾸준히 사람들에게 사랑받아 온 식물인 것이죠. 옥수수가 없었다면 인류의 역사가 바뀌었을 거라는 이야기가 있을 정도로 옥수수는 우리의 삶에 참 많은 영향을 준 식물이랍니다.

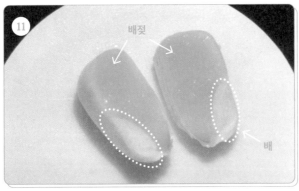

⑪ 옥수수 열매를 반으로 갈라 확대해 보자. 옥수수 내부의 이 부위는 새로운 식물로 자라날 부위인 배(씨눈)이다. 배가 발아할 때 초기 영양분이 되어 주는 배젖(배유)도 볼 수 있다.

⑫ 배를 확대해 더 자세히 보면, 특이한 무늬를 볼 수 있다. 윗부분은 옥수수의 줄기와 잎이 될 부위고, 밑부분은 뿌리가 될 부위다.

우리가 살펴본 옥수수는 초당옥수수예요.
이 초당옥수수는 배젖 내부에서 설탕이
녹말로 전환되는 것을 조절하는 유전자에
돌연변이가 일어난 것을 개량한 품종이랍니다.
그래서 열매 내부에 설탕이
많이 포함되어 있죠!

아하! 그래서 초당옥수수가
무척 달콤했던 거군요!

식물은 뭘 먹고 살까요?

땅속의 영양분을 흡수하고, 물과 이산화탄소,
햇빛을 이용해 광합성을 하죠!

네. 맞아요. 식물 대부분은 다른 생물을 잡아먹지 않고
광합성을 통해 스스로 영양분을 합성해 살아갑니다.
하지만! 곤충을 잡아먹는 식물도 있답니다!

식물이 곤충을 먹는다고요?
왜 먹는 거죠?

13 | 식충식물

식충식물은 왜 곤충을 잡아먹을까?

이번 장에서는 식충식물에 대해 알아보겠습니다. 우선 식물의 특성을 살피면, 식물은 다른 생물로부터 영양분을 얻어 살아가는 동물과는 달리 광합성을 통해 스스로 영양분을 만들어 내는 생물입니다. 그래서 식물은 다른 생물에게 의존하지 않으므로 독립영양생물입니다. 그런데 특이하게도 식충식물은 광합성을 하면서 추가로 다른 생물을 잡아먹기도 해요. 작은 곤충뿐만 아니라 달팽이나 작은 양서류까지 잡아먹는 모습이 발견되기도 한답니다.

식충식물은 왜 곤충을 잡아먹는 걸까요? 그 이유는 단백질이 필요하기 때문입니다. 정확히 말하면 단백질 속에 들어 있는 질소 성분이 필요한 것입니다. 식충식물 대부분은 토양에 질소나 인이 부족한 척박한 환경에 서식하고 있습니다. 식물은 질소나 인이 부족하면 성장이 제대로 이루어지지 않기 때문에, 식충식물은 척박한 토양에서 살아남기 위해 부족한 성분을 곤충을 소화시켜서 얻어내는 방향으로 진화하게 된 것이죠. 그래서 식충식물은 곤충의 단백질과 핵산을 분해해 토양에 부족한 성분인 질소와 인 등을 얻습니다.

하지만 식물은 동물과 달리 자유롭게 이동할 수 없는 생물입니다. 그래서 식충식물은 제자리에서 곤충을 유인하기 위해 저마다 특이한 형태의 포충엽을 발달시켰습니다.[1] 포충엽은 곤충을 포획하기 위해 변형된 형태의 잎이죠. 이번 장에서는 가장 특이한 형태의 포충엽을 지닌 두 식충식물, 파리지옥과 벌레잡이통풀을 소개하겠습니다.

파리지옥이 곤충을 사냥하는 법

파리지옥은 가장 유명한 식충식물입니다. 파리지옥은 습지에서식하는 식물로, 포충엽 내부는 곤충을 유인하기 위해 꽃과 비슷한 색상의 붉은빛을 띠고 있습니다. 뿐만 아니라 파리지옥 중에는 포충엽 내부에서 곤충을 유인하는 휘발성 화합물이 분비되는 종도 있죠.

....

1 포충엽의 한자를 풀어 볼까요? '사로잡을 포(捕)' '벌레 충(蟲)' '나뭇잎 엽(葉)'입니다. 곤충을 포획하기 위한 잎으로, 주로 잎 표면에 간털이 나 있거나 주머니 모양의 구조로 되어 있죠. 우리말로 '벌레잡이잎'이라 부르기도 합니다.

파리지옥은 이런 유혹을 통해 곤충을 포충엽 속으로 유인한 후, 곤충이 내부에 들어오면 포충엽을 빠르게 닫아 가두어 버리는 방식으로 곤충을 사냥합니다. 그리고 포충엽 내부에 소화효소를 분비하여 1~2주에 걸쳐 서서히 소화시켜 버리죠. 또한 포충엽 바깥쪽은 가시 구조로 되어 있어 잎이 닫혔을 때 곤충이 도망가지 못하도록 막는 역할을 하고 있습니다.

그런데 파리지옥은 어떻게 곤충이 포충엽 내부로 들어온 사실을 알아차리는 걸까요? 파리지옥 포충엽 내부를 보면 좌우로 감각모가 세 개씩 있는 것을 관찰할 수 있습니다. 이 감각모는 감각을 관장하는 감각세포가 있어 진동, 촉각 등의 각종 감각을 수용하는 역할을 합니다.

① 파리지옥은 곤충이 포충엽 내부로 들어오면 잎을 빠르게 닫는다.

파리지옥은 포충엽의 아무 부위나 건드린다고 닫히는 것이 아니고, 감각모 세 개가 잎을 닫는 버튼 역할을 한답니다. 신기한 점은 감각모를 한 번만 건드려선 반응이 일어나지 않고, 20~30초 내에 두 번째 자극이 주어져야만 잎이 닫히게 됩니다. 감각모가 연속적으로 두 번 건드려져야 잎이 닫히는 것이죠.

이는 단순히 바람에 날린 돌멩이나 이물질 등의 자극이 감각모에 주어졌을 때에는 포충엽이 반응하지 않기 위한 것입니다. 포충엽을 닫는 데는 많은 에너지가 소모되기 때문에 파리지옥은 곤충이 아닌 가짜 자극을 구분해 잎을 닫는 똑똑한 전략을 발달시킨 것이죠. 그리고 이 덕분에 파리지옥은 곤충이 포충엽 내부에 확실히 들어왔을 때 잎을 닫을 수 있게 되었습니다.

한 가지 더 놀라운 점은 파리지옥은 닫힌 잎 내부에 아무것도 없다는 사실을 감지하면 1~2일 후 포충엽을 다시 연다는 것입니다. 파리지옥은 단백질을 감지할 수 있어서 포충엽 내부에 먹잇감이 잡혔는지 안 잡혔는지 알 수 있죠.

파리지옥은 어떻게 잎을 닫을까?

파리지옥의 움직임은 식물계에서 가장 빠른 움직임 중 하나로 꼽습니다. 그런데 근육이나 힘줄이 없는 식물이 어떻게 이렇게 빠르게 움직이는지 궁금하지 않나요? 기존 몇몇 식물의 움직임은 수분의 이동으로 인한 세포 부피의 변화(미모사의 움직임)나 성장호르몬의 이동에 의한 성장 속도의 차이(해바라기가 태양 방향으로 고개를 돌리는 이유) 등으로 설명되었죠. 하지만 이 설명들은 파리지옥의 빠른 움직임을 설명하기에는 부족합니다.

파리지옥의 빠른 움직임은 파리지옥이 닫히는 모습을 관찰하면 알 수 있습니다. 파리지옥은 닫히기 전에는 안쪽으로 볼록하지만 닫히고 나면 바깥쪽으로 볼록해집니다. 과학자들은 파리지옥이 볼록한 면의 방향을 급격히 전환하는 '탄성의 반전'을 통해 빠르게 잎을 닫을 수 있게 된 것이라고 설명합니다. 한쪽으로 오목한 고무 캡이 반대쪽으로 뒤집어지며 볼록해지는 것과 비슷한 방식으로 잎이 닫히는 거죠.

③ 닫히기 전에는 안쪽으로 볼록하지만, 닫히고 나면 바깥쪽으로 볼록하다. 파리지옥은 볼록한 면을 급격히 오목하게 전환하는 방식으로 빠르게 잎을 닫을 수 있다.

  그런데 이렇게 파리지옥이 빠르게 잎을 닫는 움직임의 물리적 원리는 설명되었지만, 식물체 내부에서 어떻게 이렇게 급격한 탄성의 반전이 일어나는지에 대한 화학적 메커니즘은 자세히 밝혀지지 않은 상태입니다. 파리지옥은 아직 비밀이 완전히 풀리지 않은 신비한 식물이랍니다.

벌레잡이통풀이 곤충을 사냥하는 방법

다음으로 벌레잡이통풀을 살펴봅시다. 벌레잡이통풀은 덩굴손 끝부분에 주머니 형태의 포충낭이 발달한 식충식물입니다.[2] 이 책에서 소개하는 벌레잡이통풀은 10센티미터가 조금 넘는 작은 포충낭을 지니고 있지만, 해외에는 40센티미터가 넘는 큰 포충낭을 지닌 종도 있습니다. 이런 큰 포충낭을 지닌 종은 곤충뿐만 아니라 새나 쥐 같은 작은 동물을 소화시켜 먹는 장면이 발견되기도 하죠.

벌레잡이통풀은 어떻게 먹잇감을 유인할까요? 벌레잡이통풀은 포충낭 입구 부분에서 달콤한 물질이 분비되는데, 이 화학물질로 곤충을 유인해 포충낭 내부로 빠지게 만드는 전략을 가지고 있습니다. 포충낭 입구 부분을 확대해 보면 곤충이 내부로 빠져 들기 쉽도록 아래 방향으로 결이 나 있는 것도 볼 수 있죠.

그리고 포충낭을 잘라서 뒤집어 보면 내부에 소화액이 쏟아져 나옵니다. 포충낭 내부에는 포충낭에 빠진 먹잇감을 소화시킬 소화액이 분비되어 포충낭 아래에 고여 있죠. 포충낭 입구 윗부분에는 자그마한 잎이 있는 것을 볼 수 있는데, 이는 빗물이 내부로 들어와 소화액이 희석되는 것을 막기 위한 우산 역할을 합니다.

----

[2] 포충낭(捕蟲囊)은 포충엽의 하나로, '주머니 낭(囊)'을 써 주머니로 된 잎을 의미합니다. 우리말로는 '벌레잡이주머니'라고 하죠. 포충낭의 수명은 대체로 포충엽보다 짧은데, 때때로 포충낭에 감당할 수 없는 생물이 빠져 과한 영양소가 들어오면 과영양화되는 것을 막기 위해 해당 포충낭은 끊어 낸다고 하네요.

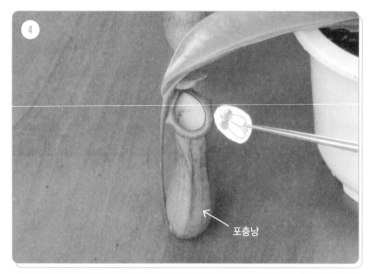

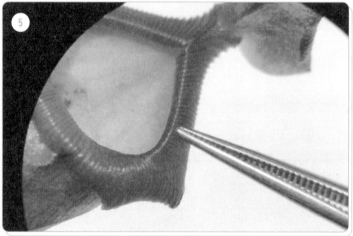

④ 벌레잡이통풀은 덩굴손 끝부분에 주머니 형태의 포충낭이 발달한 식충식물이다. 포충낭 입구의 달콤한 물질이 곤충을 유인한다.

⑤ 포충낭 윗부분을 확대한 모습. 곤충이 내부로 빠지기 쉽도록 아래 방향으로 결이 나 있다.

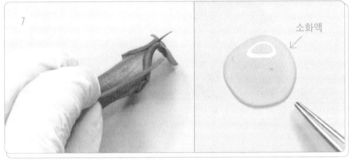

소화액

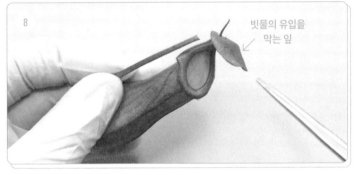

빗물의 유입을
막는 잎

⑥ 포충낭 내부에 소화액이 있어, 내부에 종이(파리 그림)를 넣었다 꺼내 보면 이렇게 젖어
　 있는 것을 확인할 수 있다.

⑦ 포충낭을 뒤집어 보면 소화액이 쏟아져 나온다.

⑧ 포충낭 윗부분의 작은 잎은 빗물의 유입으로 소화액이 희석되는 것을 막기 위한 기관이다.

⑨ 포충낭을 잘라 본 내부 모습. 포충낭 내부의 윗부분은 끈적한 물질이 분비되고, 아랫부분은 소화액이 분비된다.

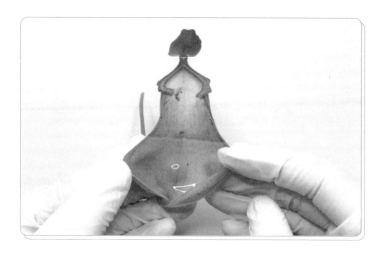

　　포충낭을 잘라 관찰해 보면, 포충낭 내부는 크게 두 부분으로 나뉘어 있습니다. 포충낭 내부의 윗부분은 끈적한 물질을 분비해 먹잇감의 발을 무겁게 하고 아랫부분에서는 내부로 들어온 먹잇감을 소화시키기 위해 소화액을 분비하는 구조로 이루어져 있죠. 이런 체계적인 구조 덕분에 포충낭 내부로 들어온 벌레는 다시 올라가지 못하고, 아래에 고여 있는 소화액에 빠져 허우적대다가 서서히 소화되는 것입니다.

　　대표적인 두 식충식물의 포충엽과 포충낭을 각각 살폈는데 어떤가요? 곤충을 유인하기 위해 아주 과학적인 구조를 가지고 있죠?

너무 신기해요.
파리지옥처럼 움직이는
식충식물은 또 없나요?

끈끈이주걱이라는 식충식물도 움직인답니다.
끈끈이주걱의 잎에는 소화액과 끈적한 점액이
분비되는 섬모들이 있는데, 곤충이 끈끈이주걱의
잎에 붙으면 잎을 돌돌 말아 곤충을 가둬
버린답니다. 이런 움직임은 단백질을 감지하는
굴화성에 의한 움직임인데, 이 움직임으로
곤충이 잎에 갇혀서 빠져나오지 못하고
소화되어 버리죠!³

---

3 굴화성을 이루는 한자를 보면, '굽을 굴(屈)' '될 화(化)' '성품 성(性)'으로 이루
어져 있어요. 식물체가 화학물질에 대해 일정한 방향으로 휘는 성질을 뜻해요. 식
충식물이 '단백질 농도'를 감지해 움직이는 굴화성뿐만 아니라, 화분관이 밑씨 쪽
으로 '당류 농도'를 감지해 자라는 굴화성도 있답니다. 이는 모두 '양성 굴화성'입
니다. 화학물질의 반대쪽으로 굽는 성질은 '음성 굴화성'이라 합니다. 식물의 굴
성(屈性)은 굴화성 외에도 굴지(地)성, 굴수(水)성, 굴광(光)성, 굴열(熱)성, 굴촉
(觸)성, 굴상(傷)성, 굴전(電)성이 있답니다.
앞에서 플라나리아가 '음성 주광성'을 지니고 있다는 건 살폈죠. 이렇듯 동물이 외
부 자극에 대해 몸이 움직이는 것은 주성(走性)이라고 합니다. 주광(光)성 외에 주
화(化)성, 주전(電)성 등이 있어요. 참 재미있죠?

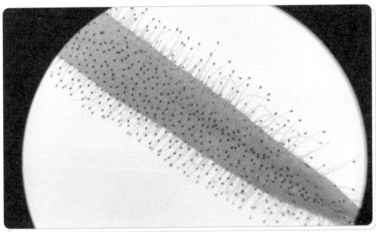

⑩ 곤충이 이 잎에 붙으면 돌돌 말린다. 끈끈이주걱의 움직임은 단백질을 감지하는 굴화성
에 의한 움직임으로 곤충이 잎에 갇혀 빠져나오지 못하게 만든다.

여러분, 귤 꼭지를 떼어 내 본 적 있나요?

아니요?
특별한 게 있나요?

그럼요. 귤 꼭지를 떼어 내면 그 안에 굉장히 특이한
무늬를 볼 수 있죠. 이 무늬에 귤의 비밀이
숨어 있기도 하답니다. 귤을 관찰하러 가 볼까요?

14 | 귤

귤 꼭지를 떼어 내면 보이는 신기한 무늬

귤은 다섯 방향으로 뻗어져 있는 별 모양 꼭지를 지닙니다. 귤은 귤나무의 가지 끝에 달려 있는데, 귤을 수확할 때는 귤 꼭지 밑부분의 가지를 잘라 내기 때문에 귤에는 꼭지 부분만 남아서 우리가 흔히 보는 귤의 모습이 되는 거죠. 귤의 꼭지는 어떤 부위일까요?

우리가 귤 꼭지라 부르는 이 부위는 바로 귤꽃의 꽃받침이었던 부위입니다. 귤은 귤나무의 열매이므로 귤꽃의 씨방 부분이 발달해 귤 열매로 변하게 됩니다. 그래서 귤 열매에는 다섯 갈래의 꽃받침이 그대로 남아 있는 것이고, 꽃받침 외에도 꽃의 흔적을 여러 개 발견할 수 있습니다.

그래서 귤 열매를 관찰하려면, 우선 귤꽃의 형태를 잘 살펴보아야 하죠. 귤꽃은 꽃잎 다섯 장과 다섯 갈래의 꽃받침으로 이루어져 있고 꽃 중간에는 암술과 수술이 있습니다. 여기서 귤로 변하는 부

① 귤꽃은 꽃잎 다섯 장과 다섯 갈래 꽃받침으로 이루어져 있고, 꽃 중간에 암술과 수술이 위치한다.

위는 암술 밑부분의 씨방 부위죠. 그래서 귤 열매는 꽃이 지며 암술 밑부분이 부풀며 형성되기 때문에, 귤 열매의 윗부분(귤 꼭지의 반대편)은 암술이었고 밑부분(귤 꼭지)은 꽃받침이 붙어 있던 부위입니다. 이 때문에 귤 윗부분에는 암술이 시든 흔적이 남아 있는 것이고, 아랫부분에는 꽃받침이 여전히 남아 있는 것이죠.

② 암술 밑부분의 씨방이 발달한 것이 귤이며, 귤 꼭지에는 꽃받침이 남아 있고, 귤 꼭지의 반대편에는 암술이 시든 흔적이 남아 있다.

암술이 시든 흔적

③ 꽃받침 부분은 그대로 남아 귤 꼭지가 된다. 이 꽃받침을 떼어 내면 무엇이 있을까?

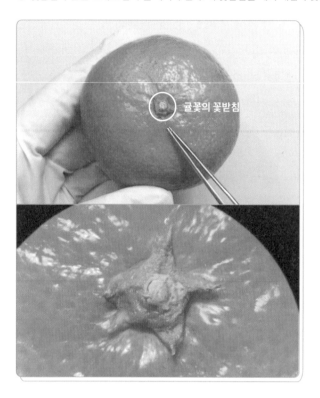

귤꽃의 꽃받침

그리고 귤껍질 외부를 자세히 보면 사람의 모공과 비슷한 작은 구멍들이 보입니다. 이것은 귤껍질에 있는 기름샘으로, 귤은 이곳에서 식물성 기름이 분비됩니다. 이 귤껍질의 기름샘에서 나오는 기름 덕분에 귤 표면에서 수분이 증발되는 것을 막을 수 있습니다. 귤의 표면이 반지르르해 보이는 것도 이 기름 덕분이죠. 귤 아래에서 빛을 비춰 보면 귤껍질 전체에 기름샘이 퍼져 있는 것도 관찰할 수 있습니다.

④ 귤에 빛을 비추어 보면 귤껍질 전체에 기름샘이 퍼져 있는 것을 볼 수 있다.

귤 꼭지 내부에 있는 무늬의 정체

사람들 대부분이 잘 모르는 귤의 비밀이 있습니다. 귤 꼭지 부분 (꽃받침)을 조심히 떼어 내면 내부에 아주 이상한 무늬가 있다는 점 이죠. 제가 관찰한 귤 꼭지 내부에는 중심을 기준으로 동그라미 열 개가 둘러싸고 있는 형태의 무늬를 볼 수 있었습니다. 그런데 놀랍 게도 이 귤 꼭지 내부의 동그라미 개수는 정확히 귤 조각 개수와 일치합니다. 귤껍질을 벗겨 보면 정말 귤이 열 조각 있는 것을 볼 수 있죠.

귤 조각 개수는 평균 열 개에서 열두 개로 각 개체마다 다르지 만, 꽃받침을 떼어 내고 난 무늬의 구멍 수와 귤 조각의 개수를 비

⑤ 귤 꼭지를 떼어 내면 볼 수 있는 무늬의 동그라미 개수와 귤 조각의 개수가 정확히 일치한다.

교해 보면 정확히 일치한다는 사실을 알 수 있습니다. 여러분도 한 번 확인해 보세요!

귤 꼭지 내부 무늬의 비밀은 무엇일까요? 꼭지 내부 무늬의 동그라미와 귤 조각 개수가 일치하는 이유는, 귤 내부의 하얀 실 같은 섬유질 부위와 관련 있습니다. 이 부위는 귤락이라 불리는 부위인데, 귤락은 귤 내부에서 영양분과 수분이 드나드는 통로 역할을 하는 관다발 조직입니다.

귤락은 줄기에서 나온 관다발 조직이 각각의 귤 과육 조각으로 이어지는 부위이기 때문에, 귤 과육을 떼어 내고 귤 껍질 안쪽 부분을 보면, 관다발 조직(귤락)이 각각의 귤 조각으로 퍼져 나가는 모습을 볼 수 있습니다.

줄기에서 과육으로 이어지는 이러한 관다발 조직은 귤 꼭지를 통해 각각의 과육으로 이어지는 구조이기 때문에 귤 꼭지 내부에

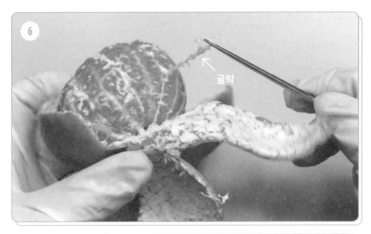

⑥

귤락

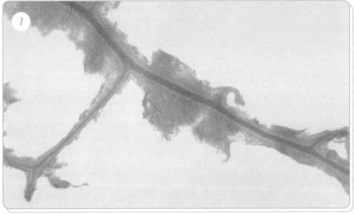

⑦

⑥ 귤 꼭지 무늬와 귤 개수의 비밀은 귤락이라고 불리는 조직과 관련 있다.

⑦ 귤락은 영양분과 수분이 드나드는 통로 역할을 한다. 확대해 보면 관 형태인 것을 볼 수 있다.

특이한 무늬가 나타난 것이고, 그로 인해 나타난 무늬는 귤 조각 개수와 일치하는 거죠! 귤 열매는 이러한 관다발 조직을 통해 뿌리에서 흡수한 물이 열매에까지 공급되었기 때문에 수분이 많이 포함되어 있답니다.

다음으로 귤은 내부 과육들이 막으로 싸여 여러 개로 구분된다는 사실도 특이합니다. 귤의 과육은 격벽이라는 조직에 의해 여러 방으로 나누어지는데, 이는 운향과 귤속에 속하는 식물이 지니는 열매의 특징입니다. 오렌지, 레몬, 자몽 등도 모두 귤속에 속하는 식물이어서 과육이 여러 방으로 나뉘어 있죠.

⑧ 귤 껍질 내부를 보면 관다발 조직인 귤락이 각각의 귤 조각으로 퍼져 있는 것을 확인할 수 있다. 귤 꼭지 내부의 무늬는 각각의 귤 조각으로 관다발 조직이 이어지는 흔적이다.

⑨ 귤 한 조각에는 이렇게 여러 과립낭이 모여 있다.

　귤 조각을 하나 떼어 내서 껍질을 제거해 보면, 귤 한 조각은 내부에 여러 과즙 주머니인 과립낭이 모인 형태인 것도 관찰할 수 있습니다.

　그런데 귤나무가 이렇게 맛있는 열매를 만들어 낸 것은 씨앗을 퍼뜨리기 위한 수단일 텐데, 이상하게도 귤 내부에는 씨앗이 없습니다. 사실 자연 상태에서 정상적으로 수분이 이루어지면 레몬이나 자몽에서 발견되는 씨앗처럼 귤도 과육 내부에 씨앗을 지닙니다. 하지만 우리가 먹는 귤은 수분 과정 없이 열매를 만드는 단위결실이 일어나는 개체를 개량한 종이기 때문에 씨앗이 없는 것입니다.

⑩ 자연 상태에서 수분이 이루어진 귤은 내부에 씨앗이 있다.

귤 박스 아래에 있는 무른 귤은 뭘까?

귤을 박스째 사서 먹다 보면 가장 아래에 무른 귤들이 자주 발견되죠? 무르거나 초록색으로 변한 귤은 대부분 곰팡이가 핀 것입니다. 그래서 무른 부분을 확대해 보면 곰팡이를 볼 수 있죠.

곰팡이 핀 귤을 계속 놔 두면 곰팡이가 솟아오르며 자라게 됩니다. 곰팡이는 계속해서 번식해 나가며 주변 귤로도 퍼지는 특성이 있기 때문에, 귤 박스에서 곰팡이 핀 귤을 발견했다면 빨리 제거해 주는 것이 현명합니다. 또한 곰팡이 핀 귤은 이미 과육 내부로도 곰팡이가 침투했을 확률이 높기 때문에 먹지 않는 것이 좋답니다.

귤즙을 풍선에 뿌리면 나타나는 놀라운 일

마지막으로 귤을 이용해 할 수 있는 재미있는 실험이 하나 있습니다. 귤과 풍선만 있으면 할 수있는 간단한 실험이니 직접 실험해 보아도 재미있습니다. 실험 방법은 간단합니다. 풍선을 하나 준비한 다음 귤껍질을 눌러 즙을 뿌리면 됩니다. 귤즙을 뿌리면 놀랍게도 풍선이 터지는 것을 볼 수 있을 겁니다. 귤즙은 어떻게 풍선을 터뜨린 걸까요?

풍선이 터지는 이유는 귤껍질에 있는 리모넨이란 성분이 고무를 녹이는 특성이 있기 때문입니다. 리모넨은 무극성 결합 물질로 된 분자이고, 고무로 만들어진 풍선 역시 무극성 결합 물질로 된

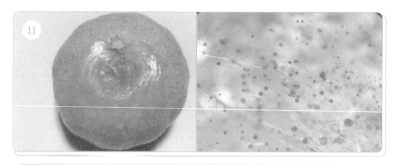

⑪ 무른 귤을 확대해 보면 이렇게 곰팡이가 자라난 것을 볼 수 있다. 이 곰팡이는 접합균류에 속하는 거미줄곰팡이(라이조푸스)속에 속하는 흔한 곰팡이로, 실처럼 길게 나 있는 것이 균사이고, 둥근 것이 포자낭이다.

⑫ 곰팡이는 주변부로 확장하는 성질 때문에 그대로 두면 길게 자라난다. 박스 안에 곰팡이 핀 귤이 있다면, 해당 귤은 빨리 제거해야 한다.

분자로 이루어져 있습니다. 이때 무극성 분자는 같은 무극성을 띠는 분자를 녹이는 성질이 있기 때문에 귤즙이 닿으면 풍선이 터지게 된답니다.

그러나 질긴 소재로 만들어진 풍선이나 작게 부푼 풍선은 잘 터지지 않기 때문에, 실험을 할 때는 풍선을 크게 불어 실험하는 것을 추천합니다. 귤뿐만 아니라 레몬과 자몽 등 귤속 식물은 모두 리모넨 성분이 있으니 다른 귤속 식물들로도 실험할 수 있답니다.

귤속 식물은 특이하게 생긴 열매들이
많아요. 수박만큼 커다란 '문단'이라는
종도 있고, 부처님의 손을 닮아 '불수감'이라
불리는 종도 있어요. '한라봉'은 윗부분이
봉긋 솟아 있는 모양이 한라산을
닮았다고 해서 붙은
이름이랍니다.
재미있죠?

와! 불수감은 정말
손처럼 생겼네요.
먹을 수 있는 건가요?

네 먹을 수 있죠. 보통 술이나
청으로 만들어 먹는다고 해요.
중국 남쪽 지역, 인도 동북부
지역이 원산지로 열대지방에서
나는 과일이랍니다.

문단

불수감

한라봉

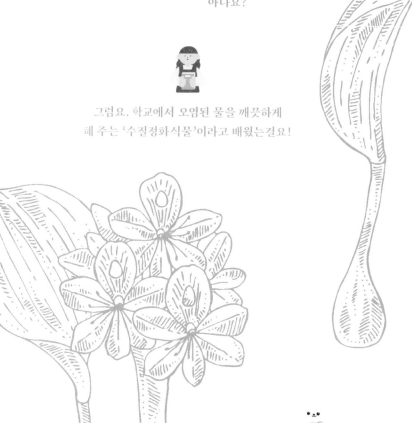

부레옥잠이라는 식물을
아나요?

그럼요. 학교에서 오염된 물을 깨끗하게
해 주는 '수질정화식물'이라고 배웠는걸요!

네 맞아요. 그런데 사실 부레옥잠은
세계 많은 나라에 커다란 피해를
주고 있는 유해 잡초랍니다!

15 | 부레옥잠

우리나라에서만 유익한 식물?
부레옥잠의 비밀

　　　　　이번 장에서는 수생식물인 부레옥잠의 비밀에 대해 알아보겠습니다. 강이나 연못, 호수 등 주변에 물이 많은 환경에서 살아가는 식물을 수생식물이라 부릅니다. 수생식물은 뿌리가 물밑의 흙 속에 묻힌 채 잎만 떠 있거나, 식물체 전체가 물에 잠겨 있는 등 여러 방법으로 물이 많은 환경에 적응하여 살아가고 있습니다.

　그런데 부레옥잠은 수생식물 중에서도 굉장히 특이한 형태로 살아가는 식물이에요. 부레옥잠의 물속 모습을 보면 뿌리가 땅에 닿지 않는 것을 볼 수 있습니다. 신기하게도 부레옥잠은 뿌리를 바닥에 고정하지 않고 그냥 물에 둥둥 떠서 살아가는 수생식물입니다. 그래서 부레옥잠은 수생식물 중에서도 부유식물이라 부르죠.

　그런데 부레옥잠은 뿌리가 바닥에 고정되어 있지 않기 때문에 바람이나 외부 자극에 의해 식물체가 뒤집어질 위험이 있습니다.

① 부레옥잠은 뿌리가 땅에 닿지 않는 부유식물이다. 사진의 부레옥잠은 뿌리가 짧지만, 야
생의 부레옥잠은 뿌리가 아주 길다. 부레옥잠이 바람 등에 뒤집어지지 않도록 뿌리가 무
게추 역할을 하기 때문이다.

그래서 야생의 부레옥잠은 몸이 뒤집어지는 현상을 막기 위해 뿌
리가 아주 긴 편입니다. 긴 뿌리를 지니면 부레옥잠은 쉽게 뒤집어
지지 않고, 뒤집어지더라도 뿌리가 중심추 역할을 해 원래대로 회
복하기 유리하기 때문이죠. 따라서 부레옥잠의 뿌리는 영양분을
흡수하는 역할도 하지만 부레옥잠이 바람 등에 뒤집어지지 않도록
무게 추 역할도 하는 것이랍니다.

그리고 부레옥잠이 이렇게 물에 둥둥 뜰 수 있는 이유는 통통한
잎자루 덕분입니다. 잎자루 부분이 물고기의 부레처럼 부풀어 있
어서 부레옥잠이라는 이름이 붙은 거죠. 부레옥잠의 통통한 잎자
루가 부력을 지니는 이유는 내부 구조를 보면 알 수 있습니다.

세로 단면

가로 단면

② 부레옥잠의 잎자루를 세로로 잘라 보자. 구멍이 아주 많이 들어 있어 강한 부력을 지닌다.

③ 가로로 자르면 다음과 같다. 구멍 사이사이에 공기가 들어 있다.

부레옥잠의 잎자루 부분을 반으로 잘라 보면 내부에 구멍이 아주 많은 걸 확인할 수 있죠. 잘린 잎자루를 물속에 넣고 눌러 보면 공기 방울이 방출되는데 이 구멍 사이사이에 공기가 가득 들어 있습니다. 부레옥잠의 잎자루는 이렇게 공기를 가득 머금은 구조이기 때문에 강한 부력을 가지게 되는 거죠. 덕분에 부레옥잠은 뿌리가 길고 무겁게 발달한 경우에도 가라앉지 않고 물을 떠다니며 살아갈 수 있습니다.

부레옥잠은 수질정화 식물인가? 유해 식물인가?

부레옥잠은 뿌리로 물속의 무기양분을 흡수하는 과정에서 질소와 인, 중금속 등을 흡수하기 때문에 우리나라에서는 수질정화를 하는 유익한 식물로 알려져 있습니다. 그러나 놀랍게도 부레옥잠은 우리나라의 평가와는 반대로 아프리카와 동남아시아, 유럽 등 세계 여러 나라에서는 호수와 연못 생태계에 큰 피해를 주는 유해 잡초 중 하나로 평가합니다.

부레옥잠이 유해 잡초로 평가되는 이유는 무엇일까요? 첫 번째 이유는 부레옥잠의 엄청난 번식력 때문입니다. 부레옥잠의 뿌리 윗부분을 보면 가로로 포복경(기는줄기)이라는 줄기가 나온 것을 볼 수 있습니다. 부레옥잠은 꽃이 피고 씨앗이 생성되는 유성생식도 할 수 있지만, 포복경을 가로로 뻗은 후 그 포복경에서 새로운 개체가 자라게 되는 무성생식으로도 번식할 수 있습니다.

④ 부레옥잠의 뿌리 부분을 보면 이렇게 가로로 줄기가 나 있는 것을 볼 수 있다. 부레옥잠은 꽃이 피고 이를 통한 유성생식을 할 수 있지만, 이 포복경이라는 줄기를 가로로 뻗으며 옆으로 퍼지는 무성생식도 한다.

포복경

부레옥잠은 이 포복경을 이용한 번식 속도가 아주 빠른 식물인데, 동남아시아의 일부 지역에서는 부레옥잠의 포복경이 하루에 2미터에서 5미터 이상 뻗어 나갈 정도로 빠르게 번식합니다. 거기다 포복경에서 자라난 새로운 부레옥잠은 본체가 죽더라도 상관없이 살아갈 수 있고, 여기서 또다시 포복경을 뻗으며 아주 빠르게 무서운 속도로 번식하죠.

부레옥잠이 유해 잡초로 평가되는 두 번째 이유는 빠른 성장 속도 때문입니다. 엄청난 번식력에 성장 속도까지 빨라서 부레옥잠은 적절한 환경을 만나면 순식간에 그 생태계를 장악해 버립니다. 과거 아프리카에서 가장 큰 호수인 빅토리아호에는 뿌리부터 줄기까지 길이가 2미터가 넘을 정도로 부레옥잠이 거대하게 자라며 빠르게 번식해서, 호수에서 배의 운항이 도저히 불가능했을 정도로 개체수가 늘어난 적도 있었습니다.

식물이 많으면 좋은 현상이 아닐까 생각할 수도 있지만, 무엇이든 과하면 문제가 발생하게 되죠. 부레옥잠은 물 위를 떠서 살아가는 식물이기 때문에, 개체수가 너무 늘어나서 수면을 완전히 덮어 버리면 수면 아래에는 햇빛이 하나도 들지 않게 됩니다. 그래서 부레옥잠이 과하게 번성한 호수는 광합성을 통해 물속의 산소를 만들어내는 미생물들이 모두 죽게 되고, 이 때문에 물속에 산소가 부족해져서 호수의 수중 생물이 떼죽음하고 생태계가 파괴되어 버립니다.

게다가 호수는 수력발전과 어업 등 인간의 삶과도 밀접하게 연관

⑤ 이 포복경에서 자라난 부레옥잠은 본체가 죽어도 상관없이 잘 살아가고 여기서 또 다시 포복경을 뻗으며 번식한다. 엄청난 번식력에 성장 속도까지 빨라서 순식간에 개체수가 늘어나 생태계를 파괴하기도 한다.

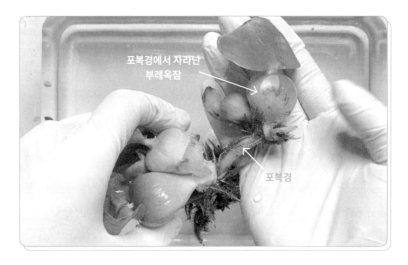

되어 있으므로, 부레옥잠으로 호수 생태계가 파괴되면 사람들도 큰 피해를 입게 됩니다. 아프리카 빅토리아호에서는 부레옥잠이 번성하며 기생충이 늘고 전염병이 돌아 호수 주변 마을 주민들이 고통받기도 했죠. 이렇듯 부레옥잠의 엄청난 번식력과 그로 인한 많은 문제들로 외국에서는 부레옥잠을 악명 높은 식물로 평가한답니다.

부레옥잠이 우리나라에서는 얌전한 이유

이렇게 악명 높은 부레옥잠이 우리나라에서는 왜 피해를 끼치지 않는 걸까요? 이는 바로 우리나라의 추운 겨울 덕분입니다. 부레옥잠은 원래 열대와 아열대 지역에서만 서식하던 다년생 수생식물로 여러 해 동안 생존하며 계속해서 성장하는 식물입니다.

하지만 사계절이 뚜렷한 우리나라에선 부레옥잠이 겨울의 추위를 견디지 못하고 다 죽어버리기 때문에 다년생이 아닌 1년생 식물로 살아갑니다. 이 덕분에 우리나라의 부레옥잠은 여러 해 동안 번식하며 성장하는 것이 아니라, 여름에 잠깐 자라다 겨울에는 죽어버려서 개체수 조절이 자연히 가능해진 것이죠. 이런 계절적 이유로 부레옥잠의 치명적 단점은 없어지고 장점만 남아 우리나라에서는 수질정화를 하는 유익한 식물로 평가받는 것이랍니다. 다행이죠?

하지만 이렇게 부레옥잠이 유익한 식물인지 유해한 식물인지를 가르기 전에, 부레옥잠이 세계 여러 나라의 생태계를 교란하며 피해를 주는 이유에 대해 한 번쯤 생각해 봐야 합니다. 사실 부레옥잠은 아메리카 대륙에서만 서식하던 식물이었습니다. 그런데 이 부레옥잠이 여러 나라로 퍼지게 만든 주범은 바로 사람들이었죠. 사람들이 관상용, 가축의 사료, 수질정화의 목적으로 부레옥잠을 여러 나라로 옮겼고, 이 과정에서 부레옥잠은 새로운 생태계에 적응하며 생태계를 교란하는 식물로 변한 것이죠.

이 사례를 통해 우리들이 사연과 생물을 대하는 대도에 대해 다시 한번 생각해 볼 필요가 있습니다. 사람들은 생태계를 마음대로 바꾸고 통제하려 하지만, 그 행동이 생태계에 미칠 영향에 대해서는 깊이 생각하지 못하는 경우가 많습니다. 우리는 생태계의 주인이 아니라 생태계에서 다른 생물과 함께 어우러져 살아가는 생물 중 하나라는 생각으로 자연을 바라봐야 하지 않을까요?

⑥ 부레옥잠은 왜 우리나라의 생태계에는 나쁜 영향을 미치지 않는 걸까? 부레옥잠은 원래 열대, 아열대 지역에서만 서식하는 다년생 수생식물이나, 우리나라의 추운 겨울을 견디지 못하고 죽기에 1년생 식물로 살아간다. 따라서 수질정화를 하는 유익한 식물로 평가받게 되었다.

우리나라는
겨울이 있어서
참 다행이네요.

하지만 지구온난화가 지속되어
우리나라의 겨울이 따뜻해진다면,
우리나라도 부레옥잠 때문에
골치를 앓을 수 있어요.
기후변화 문제에도 좀 더
관심을 기울여야겠죠?

어린 시절 우리는 모두,
다른 생물에 대한 호기심이 가득했죠

　　　　　　　다양한 서식지에서 다양한 특성을 지니고
살아가는 생물들의 모습이 너무 신기하지 않나요?

　저는 자기 몸보다 큰 먹이를 들고 가는 개미를 뚫어져라 바라보
며 시간을 보내고, 계곡에서는 물고기를 찾고, 해변에서는 조개와
소라게를 찾으러 바쁘게 돌아다니던 아이였습니다. 이건 아마도
저만의 이야기는 아닐 거예요. 어린 시절 우리는 모두, 다른 생물
에 대한 호기심으로 가득했으니까요.

　하지만 커 가면서 다소 딱딱하게 느껴지는 과학 이론들에 집중
하다 보니 호기심과 관찰의 즐거움은 점점 줄어들고, 과학은 재미
없는 것으로 빛이 바래 버립니다. 저는 교사 생활을 하며 과학에
흥미를 잃은 학생들을 많이 만났기에, '어떻게 하면 그 학생들에게
과학의 즐거움을 알려 줄 수 있을까' 하는 고민을 해 왔습니다. 그
러던 중 학생들이 과학에 흥미를 잃는 이유가, 호기심을 즐겁게 해

결하고 과학적으로 탐구하는 방법을 알지 못했기 때문이라는 것을 깨닫게 되었습니다. 그래서 생물에 대한 호기심을 즐겁고 명쾌하게 풀 수 있는 방법을 알리는 것이 필요하다는 생각을 했어요. 그 과정에서 유튜브를 시작하고, 이 책을 쓰기 시작했죠.

생물에 대한 호기심을 해결하는 좋은 방법은, 생물의 몸을 눈으로 직접 살피며 생물이 지닌 흥미로운 특성을 확인하는 것입니다. 이를 위해 생물의 외부 기관을 꼼꼼히 관찰하고, 필요하다면 그 기관을 해부해 상세히 살폈습니다. 해부 실험을 통해 생물의 특성을 이해하는 방법은 제가 새롭게 만들어 낸 방법이 아닙니다. 해부 실험은 아주 오래전부터 과학자들이 생물을 연구하기 위해 도구로 사용해 온 탐구 방법입니다.

과학자들은 관찰과 해부 실험을 통해 지구상의 수많은 생물을 이해해 왔고, 생물들 사이의 공통점과 차이점을 비교했습니다. 이 과정에서 비슷한 특성을 지닌 생물끼리 묶어서 분류하는 '분류학' 이라는 학문이 탄생하게 되었죠. 분류학은 생물학의 한 분야로, 지구상의 생물을 외부 형태와 내부 구조, 유전정보 등을 기준으로 분류해 내는 학문입니다.

분류학에는 생물의 특성이 포함되어 있기 때문에, 생물이 어떤 분류군에 속해 있는지만 알아도 그 생물이 어떤 특성을 지닌 생물인지 대략 알 수 있습니다. 이 책은 분류학을 기본으로 썼기 때문에 각 생물을 소개할 때 그 생물이 분류학적으로 어떤 위치에 있는지 설명한 후, 그다음 생물의 몸을 자세히 관찰하며 특성을 탐구하는 방식으로 생물을 살핍니다. 이러한 과정이 제가 여러분께 소개하고 싶었던 방법이므로, 책을 읽으며 탐구 과정을 자연스럽게 따라올 수 있도록 구성했습니다.

그러니 여러분도 어떤 생물에 대해 호기심이 생기면, 책에서 소개한 과정처럼 생물을 관찰하고 탐구하며 호기심을 직접 해결해 보는 경험을 하면 좋겠습니다.

생물이 어떤 분류군에 속하는지 알고, 그 생물의 독특한 특성과 관련된 몸 기관을 집중해서 관찰하면 그 생물에 대한 이해가 훨씬 깊어질 수 있을 거예요. 그리고 이런 과정에서 우리가 어린 시절 느꼈던 탐구의 즐거움도 다시 느낄 수 있게 되겠죠.

이 책의 주제는 모기와 매미, 딸기 등 우리 주변에서 흔히 볼 수 있는 생물들로 정했는데, 책을 읽고 나면 모기의 더듬이, 매미의 찌르는 형태의 입, 딸기의 암술대 등 이전에 보이지 않던 것들이 보이게 되는 신비한 경험도 할 수 있을 겁니다. "아는 만큼 보인다"라는 말처럼, 생물에 대한 이해가 높아질수록 생물을 보는 시력도 좋아지게 되는 것이죠!

이 책이 여러분들에게 생물의 신비함을 경험하고 과학적 탐구를 즐기는 방법을 깨닫게 해 주는 기회로 다가간다면 참 좋겠습니다. 과학은 즐겁습니다! 지금 당장 무언가 관찰해 보는 건 어떨까요?

참고 문헌

01. 모기

김정아, 「정약용 선생도 증오한 모기」, 교육부 공식 블로그, 2011. 8. 18.
https://if-blog.tistory.com/1291

양영철, 「사람 피 쭉쭉 빨아 먹는 모기가 태어나 딱 한 번만 한다는 짝짓기 걸리는 시간」,
애니멀플래닛, 2020. 10. 6. post.naver.com/viewer/postView.nhn?volumeNo=2963
3131&memberNo=40274210&vType=VERTICAL

Castro, J., "Animal Sex: How Mosquitoes Do It", 《Live Science》, 2022. 10. 21. https://
www.livescience.com/56059-animal-sex-mosquitoes.html

02. 배추흰나비

「애벌레는 번데기 안에서 액체처럼 걸쭉해진다!?」, EX DB, exidb.tistory.com/1599

Blackiston, D., Silva Casey E, Weiss MR, "Retention of Memory through
Metamorphosis: Can a Moth Remember What It Learned As a Caterpillar?", *PLoS
ONE 3(3)*, Public Library of Science, 2008.

03. 매미

Chapman, R. F., *The insects: Structure and function 4th ed*, Cambridge University
Press, 1998, 769쪽.

04. 소금쟁이

박미용, 「소금쟁이 추진력 소용돌이서 나온다」, 《주간경향》, 2003. 9. 25.
m.weekly.khan.co.kr/view.html?med_id=weekly&artid=5507&code=#c2b

Møller, N., "The Evolution of Wing Polymorphism in Water Striders (Gerridae): A
Phylogenetic Approach", *OIKOS 67-3*, Nordic Society Oikos, 1993, 433-443쪽.

05. 히드라

김재근, 『분류학개론』, 라이프사이언스, 2012.

닐 캠벨, 전상학 옮김, 『캠벨 생명과학 (10판)』, 바이오사이언스출판, 2016.

06. 플라나리아

김재근, 『분류학개론』, 라이프사이언스, 2012.

닐 캠벨, 전상학 옮김, 『캠벨 생명과학(10판)』, 바이오사이언스출판, 2016.

Morgan, T. H., "Experimental studies of the regeneration of Planaria maculata", *Arch. Entw. Mech. Org.*, 7, 1898, 364-397쪽.

07. 투구새우

박병기, 「긴꼬리투구새우 괴산 논에서 집단 서식」, 《연합뉴스》, 2017. 6. 20. yna.co.kr/view/AKR20170620142500064

전성옥, 「"친환경농법 덕분" 정읍서 긴꼬리투구새우 대량 서식」, 《연합뉴스》, 2016. 6. 27. yna.co.kr/view/AKR20160627114300055

Belk, D., *The Light and Smith manual: intertidal invertebrates from central California to Oregon (4th ed.)*, University of California Press, 2007, 414-417쪽.

McLaughlin, P. A., *Comparative morphology of recent Crustacea*, Eureka Books, 1980.

Osborne, P. L., *Tropical ecosystems and ecological concepts*, Cambridge University Press, 2000, 18-49쪽.

Wagner, P., Haug, J. T., Sell, J. & Haug, C., "Ontogenetic sequence comparison of extant and fossil tadpole shrimps: no support for the "living fossil" concept", *PalZ 91*, Springer, 2017, 463-472쪽.

08. 거머리

김재근, 『분류학개론』, 라이프사이언스, 2012.

닐 캠벨, 전상학 옮김, 『캠벨 생명과학(10판)』, 바이오사이언스출판, 2016.

Ruppert, E. E., Fox, R. S., Barnes, R. D., *Invertebrate Zoology*, Cengage Learning, 2004.

09. 딸기

링컨 타이즈·에두아르도 자이거, 전방욱·문병용 옮김, 『식물생리학(5판)』, 라이프사이언스, 2013.

마이클 심슨, 김영동·신현철 옮김, 『식물계통학(2판)』, 월드사이언스, 2011.

이규배, 『식물형태학: 새롭고 알기 쉬운 식물의 구조와 기능(4판)』, 라이프사이언스, 2021.

10. 파인애플

마이클 심슨, 김영동·신현철 옮김, 『식물계통학(2판)』, 월드사이언스, 2011.

이규배, 『식물형태학: 새롭고 알기 쉬운 식물의 구조와 기능(4판)』, 라이프사이언스, 2021.

11. 사과

마이클 심슨, 김영동·신현철 옮김, 『식물계통학(2판)』, 월드사이언스, 2011.
이규배, 『식물형태학: 새롭고 알기 쉬운 식물의 구조와 기능(4판)』, 라이프사이언스, 2021.

12. 옥수수

이규배, 『식물형태학: 새롭고 알기 쉬운 식물의 구조와 기능(4판)』, 라이프사이언스, 2021.
FAO, "World Food and Agriculture - Statistical Yearbook 2021", 2021.

13. 식충식물

마이클 심슨, 김영동·신현철 옮김, 『식물계통학(2판)』, 월드사이언스, 2011.
이규배, 『식물형태학: 새롭고 알기 쉬운 식물의 구조와 기능(4판)』, 라이프사이언스, 2021.
Forterre, Y., Skotheim, J. M., Dumais, J. & Mahadevan, L., "How the Venus flytrap
    snaps", *Nature*, 2005, 421-425쪽.

14. 귤

이규배, 『식물형태학: 새롭고 알기 쉬운 식물의 구조와 기능(4판)』, 라이프사이언스, 2021.

15. 부레옥잠

마이클 심슨, 김영동·신현철 옮김, 『식물계통학(2판)』, 월드사이언스, 2011.
Melesse, A. M., Abtew, W. & Senay, G., *Extreme Hydrology and Climate Variability:
    Monitoring, Modelling, Adaptation and Mitigation*, Elsevier, 2019, 237-251쪽.

도판 출처

01. 모기
⑩ © The McGraw-Hill Companies, Inc.

02. 배추흰나비
⑦ © Wikimedia Commons. Andy Reago & Chrissy McClarren.

03. 매미

① © Gettyimages korea. Tea Woon Kim.

05. 히드라

③ © Pixabay. MostafaElTurkey36.

07. 투구새우

① © Fossil Mall Science.

② © Wikimedia Commons. the U.S. National Oceanic and Atmospheric
   Administration.

⑥ © Gettyimages korea. Jasius.

08. 거머리

⑤ © Wikimedia Commons. Christian Fischer.

09. 딸기

① 왼쪽 © Gettyimages korea. Eivind Von Døhlen.

10. 파인애플

④ © Gettyimages korea. Jenny Leonard.

⑫ 아래 © Two men and a little farm.

11. 사과

① 위 © Pixabay. kie-ker.

⑤ 오른쪽 © Openclipart. johnny_automatic.

⑩ © Pixabay. Clker-Free-Vector-Images.

⑫ © Wikimedia Commons. Syced.

12. 옥수수

① © Gettyimages korea. Christophe Lehenaff.

④ © Gettyimages korea. ilbusca.

⑤ © Cambridge IGCSE ™ Biology 4th Edition. D. G. Mackean.

14. 귤

① © Gettyimages korea. Christophe Lehenaff.

② 위 © Gettyimages korea. orders24.

⑩ © Gettyimages korea. Paulo Di Oliviera. Aleksandr Zubkov

수상한생선의 진짜로 해부하는 과학책 2
육상 생물

1판 1쇄 발행 2023년 4월 21일
1판 2쇄 발행 2023년 10월 18일

지은이 김준연
펴낸이 김영곤
펴낸곳 (주)북이십일 아르테

책임편집 김지영
편집 최유진
디자인 박대성
기획위원 장미희
출판마케팅영업본부 본부장 한충희
마케팅 남정한 한경화 김신우 강효원
영업 최명열 김다운 김도연
제작 이영민 권경민

출판등록 2000년 5월 6일 제406-2003-061호
주소 (10881) 경기도 파주시 회동길 201(문발동)
대표전화 031-955-2100 팩스 031-955-2151

(주)북이십일 경계를 허무는 콘텐츠 리더

북이십일 채널에서 도서 정보와 다양한 영상자료, 이벤트를 만나세요!
인스타그램 instagram.com/21_arte   페이스북 facebook.com/21arte
          instagram.com/jiinpill21   facebook.com/jiinpill21
포스트 post.naver.com/staubin   홈페이지 arte.book21.com
      post.naver.com/21c_editors   book21.com

ISBN 978-89-509-4552-7   03400
ISBN 978-89-509-4500-8   (세트)